數＝學＝（女×孩）

秘密筆記

排列組合篇

数学
ガールの
秘密ノート
――――
場合の数

前師範大學數學系教授兼主任　日本數學會出版獎得主
陳朕疆　譯　　洪萬生　審訂　　結城浩　著

日本数学会出版賞

延續《數學女孩》作品，新系列《數學女孩秘密筆記》排列組合篇
徜徉多采多姿的排列組合世界，發現數學樂趣！

前言

　　本書將由由梨、蒂蒂、米爾迦與「我」，展開一連串的數學對話。

　　在閱讀途中，若有抓不到來龍去脈的故事情節，或看不懂的數學式，請你跳過去繼續閱讀，但是務必詳讀女孩們的對話，不要跳過！

　　傾聽女孩，即是加入這場數學對話。

登場人物介紹

「我」

　　高中二年級，本書的敘述者。

　　喜歡數學，尤其是數學公式。

由梨

　　國中二年級，「我」的表妹。

　　總是綁著栗色馬尾，喜歡邏輯。

蒂蒂

　　高中一年級，是精力充沛的「元氣少女」。

　　留著俏麗短髮，閃亮大眼是她吸引人的特點。

米爾迦

　　高中二年級，是數學資優生、「能言善道的才女」。

　　留著一頭烏黑亮麗的秀髮，戴金框眼鏡。

媽媽

　　「我」的媽媽。

瑞谷老師

　　學校圖書室的管理員。

C O N T E N T S

序章

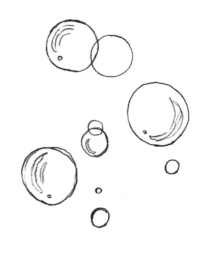

好想數一數。
——你想數什麼呢？
想數數很大的數。
——多大的數呢？
要一直大～到數不清。
——數不清也想要數一數嗎？
因為數不清，才想數一數啊。

好想數一數。
——想要怎樣數呢？
先分類，再慢慢數。
——怎樣分類呢？
找到共同點，再分類。
——怎樣找共同點呢？
一邊數，一邊會發現。

我和你，代表同一個數。
——是同一個人嗎？
加起來一共兩個人，牽手就能明白。

第 1 章

不是 Lazy Susan 的錯

1.1　在頂樓

蒂蒂：「學長！原來你在這裡啊！」

我：「是蒂蒂啊。」

> 這裡是高中校舍的頂樓，正值午休時間。
> 在我啃著麵包的時候，學妹蒂蒂也來到頂樓。

蒂蒂：「好舒服的風喔！可以和學長一起在這裡吃嗎？」

我：「當然可以囉。你在找我嗎？」

蒂蒂：「沒、沒有啦……不是特別來找學長，只是剛好經過這裡而已。」

> 蒂蒂說著，在我的旁邊坐下。
> （不過，為什麼會剛好經過頂樓呢——）
> 我咬了一口麵包，開始思索這個問題。

我：「你的午餐呢？」

蒂蒂：嗯，午餐已經吃過了。……對了，學長，人家最近一直在想一件事。」

我：「什麼事呢？」

蒂蒂：「這個嘛，『思考』這件事本身到底是怎麼一回事呢……」

我：「這是個很深奧的問題呢。」

蒂蒂：「啊、不對，我不是這個意思！」

蒂蒂拼命揮動雙手否認。

蒂蒂：「不是那種深奧的問題啦，我是指解數學題目的那種思考。」

我：「能再解釋詳細一點嗎？」

蒂蒂：「人家……人家自認在數學這科下了不少工夫，但在解題的時候常會有『怎麼沒想到要這麼做！』的感覺。」

我：「是嗎？」

蒂蒂：「人家一直想不通，怎樣才能想出解題方法。學長，你應該不會碰到這種情形吧？解數學題的時候，究竟該怎樣思考才對呢？」

我：「不不不，蒂蒂，我也常有『怎麼沒想到要這麼做！』的感覺喔。」

蒂蒂：「咦，學長也會有這種感覺嗎？」

我：「是啊，當我遇到解不出來的題目，翻閱解答後，常會有兩種感覺。一種是覺得『這種解法太厲害了』而深感佩服，另一種則是覺得『這種解法怎麼可能想得到啊！』而覺得莫名其妙。」

蒂蒂：「原來是這樣啊。」

我：「會覺得莫名其妙，多半是因為這類解法過於特殊——讓我不由得想『這種解法根本沒辦法應用在別的題目上嘛！』覺得莫名其妙。」

蒂蒂：「嗯，人家覺得自己應該還沒有達到那種境界，不過……學長，你有聽過這樣的問題嗎？」

我：「什麼問題呢？」

1.2　中華餐館問題

蒂蒂：「前陣子我在電視上看到一家中華餐館內的擺設。」

我：「嗯。」

蒂蒂：「其中一個圓桌上面有 Lazy Susan……」

我：「Lazy Susan 是什麼啊？」

蒂蒂：「就是圓桌上可以轉來轉去的旋轉台。」

我：「哦……原來那個東西叫做 Lazy Susan 啊。」

蒂蒂：「然後，客人會圍坐在圓桌周圍。」

我：「是啊，圍坐圓桌吃飯。」

蒂蒂：「坐圓桌，客人可以和旁邊的客人聊天，不過要是座位相隔遠一點，交談不是很不方便嗎？」

我：「沒錯。」

蒂蒂：「如果想要和所有人都說話，只能常常換座位囉。於是我產生了一個想法，以中華餐館的圓桌為例，要是有 5 個人圍繞圓桌坐成一圈，共有幾種可能的入座方式呢？」

問題 1（中華餐館問題）

一個圓桌，圍繞 5 個座位。5 個人欲坐在這些座位上，共有幾種入座方式？

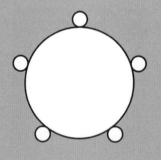

我：「原來如此，這個問題啊……」

蒂蒂：「學長！請等一下！」

我：「咦？」

蒂蒂：「學長！不要馬上告訴我答案喔。」

我：「好好好，那麼蒂蒂是怎麼想的呢？」

蒂蒂：「把 5 個人拿來排排看，算算看總共有幾種可能的排列方式。」

我：「哦哦——」

　　蒂蒂拿出筆記。

蒂蒂：「就像這樣，不過算到一半的時候變得有點混亂……」

蒂蒂的筆記

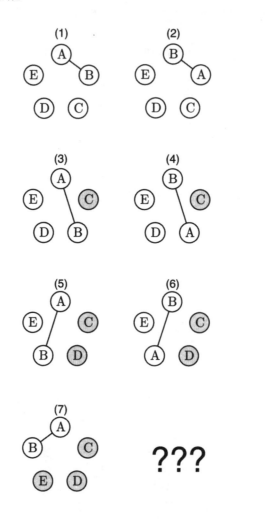

我：「我明白了。蒂蒂想用**窮舉法**，把所有可能都列舉出來。這是許多可行方法之一啦。」

蒂蒂：「是的。」

我：「可是，你是否有按照**一定的順序**來計算可能的情形嗎？」

蒂蒂：「有啊。我假設有 A、B、C、D、E 5 個人坐在圓桌旁，畫成圖就像這樣。首先，讓 A、B、C、D、E 依順時鐘方向入座 (1)」

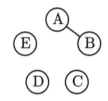

(1) 5 人依順時鐘方向入座

我：「嗯，基本上沒錯。請問 A 和 B 之間的連線是什麼意思呢？」

蒂蒂：「是的，這條線表示接下來要把這兩個人的座位對調。A 和 B 之間的座位對調，就是另一種入座方式，對吧，所以變成下面的 (2)。」

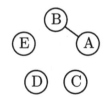

(2) 將 A 和 B 的座位對調

我：「這樣啊……嗯？」

蒂蒂：「再來則是要考慮這兩個人不相鄰的情況，假設 A 和 B 之間夾了一個 C，變成 (3) 的情形。」

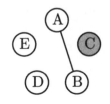

(3) A 和 B 之間夾著 C

我：「嗯，沒錯……」

蒂蒂：「然後就像剛才一樣，再把這兩個人座位對調，得到 (4)。」

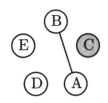

(4) 將 A 和 B 的座位對調

我：「蒂蒂……」

蒂蒂：「接下來要考慮的是這兩個人之間夾了 C 和 D 的情形，也就是 (5)，然後一樣，再把這兩個人的座位對調，得到 (6)。」

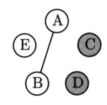

(5) A 和 B 之間夾著 C 和 D

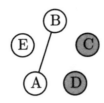

(6) 將 A 和 B 的座位對調

我：「蒂蒂，可是……」

蒂蒂：「不過呢，當我想在 A 和 B 之間夾進 C、D、E，也就是 (7) 的時候，發現了一件事。」

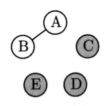

(7) A 和 B 之間夾著 C、D、E

我：「……」

蒂蒂：「(7) 的入座方式從另一個角度看，會和 (2) 的入座方式
　　　一模一樣！」

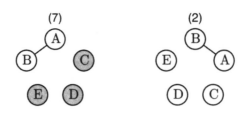

(7) 和 (2) 的入座方式完全相同

我：「是啊。這種解題方式不太好，會**重複計算**喔。」

蒂蒂：「沒錯，學長說的對，這種方式並不好。我原本以為只
　　　要讓夾在 A 和 B 之間的人逐漸增加，就可以列出所有可能
　　　的情形。沒想到**圓桌居然是陷阱！一不小心，同樣的入座
　　　方式就會重複出現！**」

我：「正是如此。逐漸增加人數這個想法不錯，但要是出現重
　　　複情形就麻煩了。」

蒂蒂：「於是我就被困在這裡。碰到這種情形的時候，要怎樣
　　　思考才能找到解答呢？怎麼做才能真正解開數學題的答案
　　　呢？」

　　　蒂蒂看向我，睜大她的眼睛，等待我的回答。

我：「嗯……這麼說吧，蒂蒂，能解答所有數學題的萬能解題
　　　法，並不存在喔。」

蒂蒂：「啊，這麼說——這麼說也是啦，不好意思。但這樣一來，不就要把各種解題法全部都死背下來才行嗎？這樣在我們碰到不同的數學題目時，才有辦法解答案。不過要把所有解題方式都背下來實在有點困難……」

我：「嗯，相當困難喔。能解開所有數學題的萬能解題法並不存在，當然，也不可能把所有數學題的解法都背下來。」

蒂蒂：「沒錯，就是這個意思！萬能的工具不僅不存在，把所有工具都收集齊全也很困難，那該怎麼辦才好呢？」

我：「我說蒂蒂啊，這個想法會不會太極端呢？你想到的解決方式過於極端，實際的情形常常介於兩者之間喔。」

蒂蒂：「這是什麼意思呢？」

我：「解數學問題的時候，通常不會只用到死背下來的解題方式。當然，還是會用到記憶中的解法，把自己以前所有解題經驗全都拿來試試看。但解題時，必須詳讀題目，理解敘述，整理解題條件——這樣才能逐漸推導、得到答案喔。」

蒂蒂：「聽起來好複雜喔……」

我：「把某些解法死背下來也是個辦法，不過如何運用這些解法也很重要喔。在數學家波利亞的《怎樣解題》這本書中提到許多解題方式。至於我自己的解題經驗嘛——也只是許多順利解案與被難題困住解不出來的經驗一一堆疊起來而已。真要說的話，我在解題的時候，常常會這樣對自己

《提問》。」

- 仔細閱讀題目了嗎？
- 能試著舉一個例子嗎？《舉例說明，驗證自己是否理解》
- 能試著作圖嗎？
- 能整理成表格嗎？
- 能為未知事物命名嗎？
- 是否考慮到所有狀況？沒有遺漏？
- 有沒有類似的東西？
- 會不會覺得「如果那樣就好了」？
- 反過來想又會怎麼樣呢？
- 如果數字太大，想想看數字小的情況怎麼樣？
- 看極端的情形又怎麼樣？
- 再重新仔細閱讀一次題目

蒂蒂：「原來如此……學長所說的《提問》，雖然聽起來很**抽象**，實際卻很具體喔。和直接解答相比，這些提問好像很抽象，但就對自己的要求而言，卻是很具體的提問。」

蒂蒂一邊點頭一邊說，很快接受了我的說法。

我：「沒錯！面對題目的時候，這樣的《提問》很有效喔。解題時，自問自答是很有用的方法。」

1.3 回到原來的圓桌問題

蒂蒂:「那回到剛才的中華餐館圓桌旋轉台,學長會怎麼解這個題目呢?嗯……我想問的不是『答案本身』,而是想問學長該怎麼思考,或者說解題時的思考方式。」

問題 1(中華餐館問題)
一個圓桌,圍繞 5 個座位。5 個人欲坐在這些座位上,共有幾種入座方式?

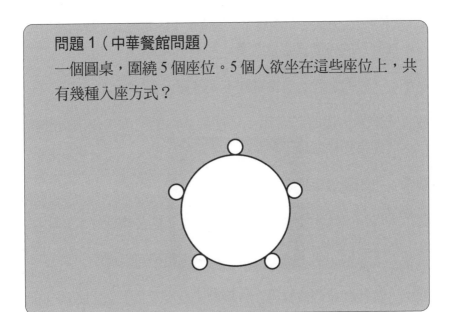

我:「嗯,如果是我,大概會像蒂蒂一樣,先『以圖表示』,也就是畫出 5 個人坐在不同座位上的示意圖。接著為這 5 個人《命名》為 A、B、C、D、E,這個部分也和蒂蒂一樣。」

蒂蒂:「都和人家一樣……」

我:「嗯,不過這 5 個人的排列順序可能和蒂蒂不太一樣就是

了。然後，當我得到幾種入座方式時，應該會有和蒂蒂一樣的發現。」

蒂蒂：「和我一樣的發現……」

我：「沒錯，我也會想到要讓 5 人圍繞一圈坐好，不過大概不會真的畫出可以旋轉的 5 個位子，而是想像另一種比較簡單的表現方式，以對應這 5 個位子。因為可以旋轉的座位，在計算的時候很容易混淆。」

蒂蒂：「是的，我也覺得這樣不太好算。」

我：「是啊，這時就會用到《提問》中的：「『會不會覺得《如果那樣就好了》？』」

蒂蒂：「如果那樣就好了……？」

我：「沒錯，像我就會覺得《要是座位不能旋轉就好了》。」

蒂蒂：「原來如此！……可是，實際上還是可以轉啊。」

我：「為什麼我們會覺得座位旋轉不好呢？因為我們原先可能會以為某兩種入座方式是《不同情形》，但旋轉後卻發現它們其實是《相同情形》，這樣就重複計算了。」

蒂蒂：「是啊。」

我：「《要是座位不能旋轉就好了》——所以我們要想辦法禁止座位旋轉。為了達到這個目的，只要固定其中 1 人的座位！」

蒂蒂：「啊！！」

我：「固定其中 1 人的初始座位，即使旋轉座位，這個人的座位一定會跟著改變，結果入座方式會變得與前面不同，所以不會重複計算。」

蒂蒂：「也就是讓其中 1 人當《國王》囉！」

我：「哈哈，這樣講也沒錯。把其中 1 人當作國王，固定座位，再來數數看有幾種入座方式。《如果那樣就好了》，善用這個提問，便能大大有益於解題。」

蒂蒂：「原來如此。原來《要是座位不能旋轉就好了》，進一步推論到《固定其中 1 人的座位就行了》……」

我：「蒂蒂剛才的解法中，最上面的座位會變來變去，不是嗎？一下是 A 一下是 B。」

蒂蒂：「是的，因為我有時候會把 A 和 B 對調。」

我：「別再用這個方法了。改用固定其中 1 人的方法，入座情形會變得比較簡單。」

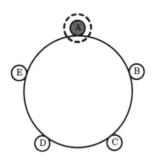

固定 A 再試試看

1.4 有沒有類似的東西？

蒂蒂：「原來如此。」

我：「接著，可以試著提問《有沒有類似的東西》？」

蒂蒂：「類似的東西？」

我：「我們剛才一直在思考，這些人排成環狀的樣子，也就是在問，這些人排成環狀時有**幾種可能**的情形。」

蒂蒂：「幾種可能⋯⋯的確如此。」

我：「雖然我們之前沒碰過環狀排列的問題，但我們應該有做過類似的題目，也就是排成一列的情形！」

蒂蒂：「⋯⋯」

我：「其實仔細想想，固定 1 人，並把其他人依照順時鐘順序排下來，和一般排列一列，不是很相似嗎？」

蒂蒂：「咦、咦⋯⋯所以就是⋯⋯一般的排列問題嗎？」

我：「沒錯，我們可以把排成環狀的人視為排成一列，變成一般的排列問題。還記得排列問題吧？」

蒂蒂：「請等一下，這樣不就表示《排成環狀》和《排成一列》一模一樣了嗎？」

我：「不，不一樣喔。你想想看，因為我們先把其中 1 人固定下來，所以這個問題實際可以改變位置的人數會少一個。」

蒂蒂：「！！」

我：「排成環狀的有 5 人，若我們固定 A 的座位，則剩下的 4 人就可以當作一般的排列。」

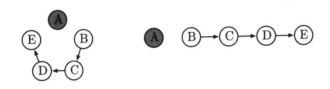

固定 A 的座位，剩下的 4 人則排成一列

蒂蒂：「原來如此！」

我：「接著想想看，固定 A 的座位，剩下的座位該怎麼排吧，照順時鐘順序一個個看。先決定 A 的下一個座位是由剩下 4 人中的哪一人入座，再決定下一個座位是剩下 3 人的哪一人入座，再決定下一個座位是剩下 2 人的哪一人入座，而最後一個座位便是最後一個人入座。」

蒂蒂：「真的耶，真的耶，原來要這樣算！」

我：「這樣就解出來囉。要計算 5 個人排成環狀共有幾種可能排法，只要先固定其中一人，再將剩下的 4 人視為一般排列，也就是計算排成一列的 4 人有幾種可能的排法即可。因此答案是 4!=4×3×2×1，答案是 24 種可能。」

解答 1（中華餐館問題）

一個圓桌，圍繞 5 個座位。5 個人欲坐在這些座位上，可由下列計算過程

$$4!=4\times3\times2\times1=24$$

得到入座方式共有 24 種。

（固定其中 1 人，再將剩下的 4 人視為一般的排列）

Ⓐ	B→C→D→E			Ⓐ	C→B→D→E		
Ⓐ	B→C→E→D			Ⓐ	C→B→E→D		
Ⓐ	B→D→C→E			Ⓐ	C→D→B→E		
Ⓐ	B→D→E→C			Ⓐ	C→D→E→B		
Ⓐ	B→E→C→D			Ⓐ	C→E→B→D		
Ⓐ	B→E→D→C			Ⓐ	C→E→D→B		
Ⓐ	D→B→C→E			Ⓐ	E→B→C→D		
Ⓐ	D→B→E→C			Ⓐ	E→B→D→C		
Ⓐ	D→C→B→E			Ⓐ	E→C→B→D		
Ⓐ	D→C→E→B			Ⓐ	E→C→D→B		
Ⓐ	D→E→B→C			Ⓐ	E→D→B→C		
Ⓐ	D→E→C→B			Ⓐ	E→D→C→B		

蒂蒂：「哇……學長，24 種排列方式好多喔……」

我：「啊，抱歉抱歉，改樹狀圖把這些排列整理一下。」

蒂蒂：「？」

我：「變成這樣的圖，用 4 個樹狀圖列出所有可能。」

樹狀圖

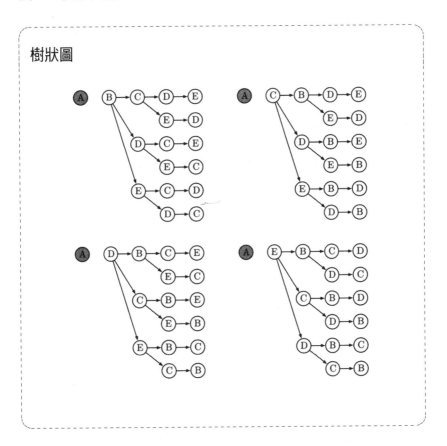

蒂蒂：「變成這樣……」

我：「想要《沒有遺漏、沒有重複》，那麼樹狀圖是很好用的
　　工具。」

蒂蒂：「原來如此。」

1.5　一般化

我：「接下來，蒂蒂，既然都做到這裡了，離一般化只差一點囉。」

蒂蒂：「要怎麼做呢？」

我：「等於是在求『當 n 人排成環狀，有幾種可能的排列方
　　式』。」

蒂蒂：「n 人……啊，這個簡單！用同樣方式就行了，先固定
　　其中 1 人，再將剩下的 $n-1$ 人排成一列！」

我：「正是如此。」

蒂蒂：「所以總共有 $(n-1) \times (n-2) \times \cdots \times 2 \times 1$ 種排列方式！」

我：「沒錯沒錯，共有 $(n-1)!$ 種可能，這就是**環狀排列**的排列
　　數。」

環狀排列的排列數
當 n 人排成環狀，共有

$$(n-1)!$$

種排列方式

蒂蒂：「環狀排列……原來還有名字啊！」

我 ：「是啊，其實我很早就想說，不過蒂蒂說得正起勁，讓我不曉得該在什麼時候插嘴。」

蒂蒂：「啊……十分抱歉。」

我 ：「要不要再研究一下這個環狀排列呢？」

蒂蒂：「學長，請等一下，在進行下一步研究之前……」

我 ：「咦？」

蒂蒂：「人家想把學長剛才解說的環狀排列計算方式，整理成自己看得懂的筆記。」

我 ：「好啊。」

蒂蒂：「一次看到那麼多新東西，覺得需要一點時間整理消化……」

- 欲求 n 人排成環狀，有幾種可能（環狀排列的排列數）。
- 計算時，必須《沒有遺漏、沒有重複》。
- 排列成環狀的人，若沿著環旋轉，可能會得到曾出現過的排列。這樣就會重複計算。
- 為了不讓這些人旋轉，先固定其中 1 人，設其為《國王》。
- 這麼一來，剩下的 $n-1$ 人便可視為排成一列，並依序計算可能的排列情形。（一般排列的排列數）。

我 ：「整理的非常好。這就是將環狀排列回歸至一般排列的情形，再求出答案喔，蒂蒂。」

蒂蒂：「回歸……？」

我：「沒錯。我們原先並不知道《環狀排列之排列數的計算方式》，但固定其中 1 人，就能用我們已知的《一般排列之排列數的計算方式》來求解。」

蒂蒂：「真的耶。」

我：「換句話說，我們可以將環狀排列這種《沒碰過的問題》，改為一般排列這種《已知解法的問題》再求解。這個過程就是所謂的《將環狀排列回歸至一般排列》。」

蒂蒂：「原來如此！」

我：「如果想用這種方式解數學題，必須先熟悉自己《已知解法的問題》才行喔。」

蒂蒂：「也就是說，要熟悉自己的武器對吧！」

我：「沒錯，就是這個意思。要先知道自己有哪些武器可以用，這樣的話，就算碰到一時間不曉得該怎麼解的題目，也大概知道該從何處下手囉。」

蒂蒂：「是的！」

我：「對了，蒂蒂，這麼一來，你又多了一件武器囉。」

蒂蒂：「為什麼呢？」

我：「就是環狀排列啦。剛才我們把環狀排列回歸至一般排列，並得到解答，因此環狀排列變成了蒂蒂的新武器。以後碰到其他類似題目，可以試著回歸至環狀排列，或許就能得

到答案囉。」

蒂蒂:「的確……」

我:「要不要試試看下面這個問題呢?」

1.6 念珠問題

問題2(念珠問題)
將 5 個不同的寶石串成一圈,作成一串念珠,可以串成
幾種不同的串法?

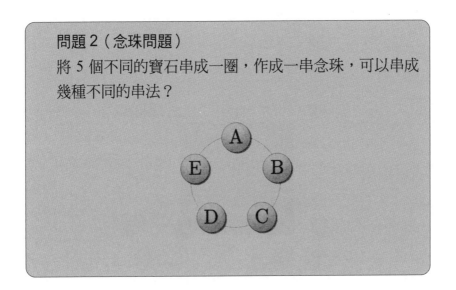

蒂蒂:「念珠……這個看起來好像環狀排列。這樣的話,用環
狀排列的公式可以得到 (5−1)! 種可能的排列方式,嗯……
4!=4×3×2×1=24,所以是 24 種囉?」

我:「不,答案不對喔。」

蒂蒂:「……怎麼會?」

我：「前面 5 個人入座圓桌座位，這裡與 5 個寶石串成的念珠，
　　兩者具有相當大的差異。」

蒂蒂：「……」

我：「圓桌沒辦法**翻面**，但念珠可以**翻面**喔。所以，在圓桌的
　　例子中被視為相異的入座方式，在念珠的例子中可能會被
　　視為相同的串法。」

圓桌的例子中，此兩種入座方式為相異

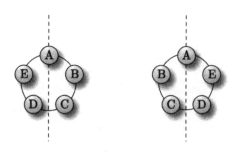

念珠的例子中，此兩種串法為相同

蒂蒂：「原來如此。所以計算念珠有幾種串法，不可以用和圓
　　桌的入座方式一樣的算法囉。會出現重複多算！」

我：「應該不難發現，這種算法的答案剛好會是念珠真正串法
　　的 2 倍。因為當我們用環狀排列的算法，來計算念珠串法，

會將《翻面後與另一種相同》的串法，變成把翻面的串法，視為兩種不同的串法。故環狀排列的答案，在這裡還要再除以 2。」

蒂蒂：「好的！也就是說，念珠的串法有 $(5-1)! \div 2 = 12$ 種可能囉。」

解答2（念珠問題）

將 5 個不同的寶石串成一圈，作成一串念珠，可以串成 12 種不同的串法。

（若將本題視為環狀排列，可得到 24 種不同串法，然而任一種串法翻面，會與另一種串法相同，故最後 24 要再除以 2）

我：「沒錯，正確答案！這也是一種將未知問題回歸至已知問題的方法，看出來了嗎？」

蒂蒂:「啊,是的,看得出來。就是先把念珠問題轉換成環狀排列,得到答案後再除以 2 對吧。」

我:「沒錯,環狀排列這個武器馬上就派上用場了。」

蒂蒂:「不過人家還不太會用就是了。」

我:「把念珠問題一般化,就是所謂的念珠排列喔。排列、環狀排列、念珠排列,三者有密切關連。」

蒂蒂:「啊,原來這種排列也有名字啊。」

念珠排列的排列數

當 n 個相異圓珠排成念珠串,共有

$$\frac{(n-1)!}{2}$$

種排列方式(翻面後相同的排列方式視為同一種)。

1.7 米爾迦

米爾迦:「這裡風很舒服呢。」

蒂蒂:「啊!米爾迦學姊。」

米爾迦是我的同班同學。

米爾迦、我,還有蒂蒂是常一起聊數學的同伴。她留著一頭黑色長髮,戴著一副金屬框眼鏡。

我：「米爾迦，為什麼也來頂樓呢？」

米爾迦：「只是剛好經過而已。」

　　（怎樣才會剛好經過頂樓呢……）

米爾迦：「怎樣？」

我：「沒、沒有啦，沒有怎樣。我們剛才是在談一般的排列、環狀排列、念珠排列的算法。」

米爾迦：「這樣啊……」

　　米爾迦探頭看了一下我們剛才寫的筆記。

蒂蒂：「我們剛才試著把環狀排列回歸至一般的排列來求解，還把念珠排列回歸至環狀排列來求解。」

米爾迦：「當 n 個相異圓珠排成念珠串——這段話寫的人是誰？」

當 n 個相異圓珠排成念珠串，共有

$$\frac{(n-1)!}{2}$$

種排列方式（翻面後相同的排列方式視為同一種）。

我：「是我啊。」

米爾迦：「沒寫 n 的範圍，我還以為是蒂蒂寫的。」

我：「n 的範圍……圓珠的數量只可能是自然數吧。」

米爾迦：「那你的意思是，如果只有 1 個圓珠要排成念珠串，會有 $\frac{1}{2}$ 種可能情形囉？」

米爾迦的表情一如既往，卻帶著幾分戲謔的語氣。

我：「咦……啊！」

蒂蒂：「什麼意思啊？」

我：「你看這個式子 $\frac{(n-1)!}{2}$，當 $n=1$ 時，會得到

$$\frac{(1-1)!}{2} = \frac{0!}{2} = \frac{1}{2}$$

但是『$\frac{1}{2}$ 種可能』這樣的答案一定不對。所以剛才我們在計算念珠排列時，念珠數 n 要再加上 $n \geq 2$ 的條件才行喔！」

米爾迦：「嗯……除此之外，如果要將 2 個圓珠排成念珠狀的話，難道也會有 $\frac{1}{2}$ 種可能的排列情形嗎？」

我：「咦？真的耶！奇怪？」

蒂蒂：「算出來的確是這樣耶……如果 $n=2$，會得到

$$\frac{(2-1)!}{2} = \frac{2!}{2} = \frac{1}{2}$$

答案一樣是『$\frac{1}{2}$ 種可能』！」

我：「$n \geq 2$ 也不行啊，太詭異了，怎麼會這樣？」

米爾迦：「好久沒看到你那麼緊張的樣子，看來這個問題確實有好好研究一番的價值。」

> **問題 3（念珠排列的條件）**
>
> 將 n 個相異圓珠排成念珠串，可能的排列情形可寫成 $\dfrac{(n-1)!}{2}$。然而當 $n=1$ 或 $n=2$ 時，卻無法由此式得到正確答案。這是為什麼呢？

上課鈴在此時響起，午休結束。

1.8 放學後，在圖書室

放學後。

我、蒂蒂、米爾迦三個人來到圖書室。

我：「我中午的時候一時慌了手腳，但冷靜想了一下，發現其實事情很簡單。」

蒂蒂：「人家也想通了喔。」

米爾迦：「嗯……那你來說說看吧，蒂蒂。」

米爾迦像老師，指著蒂蒂，要求蒂蒂回答。

蒂蒂：「好的，因為在翻面之前就是同一種串法了啊。」

米爾迦：「在回答之前要先清楚定義問題。」

蒂蒂：「啊，是的。我想回答的問題是『為什麼當 $n=1$ 或 $n=2$ 時，念珠排列的排列數無法由（算式）這個式子求出來？』」

米爾迦：「很好。」

蒂蒂：「我想試著《作圖表示》，所以畫 $n=1$ 與 $n=2$ 的情形。」

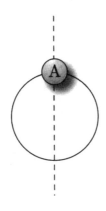

$n=1$ 的念珠排列

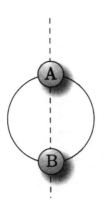

$n=2$ 的念珠排列

蒂蒂：「前面我們是基於《以環狀排列的式子計算時，會算成
　　　正確答案的 2 倍》這個原因，修正環狀排列的式子，以得
　　　到念珠排列的式子。因為環狀排列中，2 種《相異》的排
　　　列方式，會對應到念珠排列中，《相同》的排列方式，故
　　　要將重複的排列方式去掉。」

我：「是啊。」

蒂蒂：「但是當 $n=1$ 或 $n=2$，環狀排列都只有 1 種可能的排列
　　　方式，並不存在《相異》的排列方式！」

我：「這樣就和推導 $\dfrac{(n-1)!}{2}$ 這個式子時，必要的前提相違背
　　了啊。」

米爾迦：「沒錯。」

解答 3（念珠排列的條件）

將 n 個相異圓珠排成念珠串，可能的排列情形可寫成（算
式）。然而當 $n=1$ 或 $n=2$ 時，卻無法由此式得到正確答
案。這是因為 $n=1$ 或 $n=2$ 時，環狀排列都只有 1 種可能
的排列方式。不符合這個式子的前提《環狀排列時 2 種
相異的排列方式，會對應到念珠排列中相同的排列方
式》。

蒂蒂：「要釐清條件不太容易呢……」

我：「我一開始也有些不知所措啊……」

念珠排列的排列數（詳述條件版）

當 n 個相異圓珠排成念珠狀時，可能的排列情形依 n 的大小有所不同：

- 當 $n=1, 2$ 時，有 1 種可能。
- 當 $n=3, 4, 5, \cdots$ 時，有 $\dfrac{(n-1)!}{2}$ 種可能。

蒂蒂：「要把這些條件背起來，好像也不怎麼簡單呢。」

米爾迦：「不要用背的，重要的是要能理解《相異的 2 種排列方式可視為等價，故要除以 2》，也就是要能《看穿結構》。」

蒂蒂：「結構啊……」

1.9 另一種想法

米爾迦：「話說回來，為什麼你們兩個中午的時候會討論環狀排列和念珠排列呢？」

我：「因為蒂蒂提了一個問題，和中華餐館的入座方式有關。」

米爾迦：「我是在問蒂蒂。」

我：「……（米爾迦是不是心情不太好啊）」

蒂蒂：「啊，是的。中華餐館圓桌的座位不是會排成環狀嗎？我在思考要怎麼算不同的入座方式，於是學長就告訴我一些提示。」

我：「我自己也想算算看答案啦。」

米爾迦：「你想到什麼解法了呢？」

蒂蒂：「我的解法失敗了，因為我發現有的排列方式**旋轉後和另一種排列《相同》**，會重複計算。」

我：「然後我就想到要固定其中 1 人。」

米爾迦：「你先別講話。」

我：「……」

蒂蒂：「嗯，如果要把每種排列方式都轉轉看有沒有重複，太麻煩了，所以就改成固定其中 1 人，把問題回歸至 $n-1$ 人的一般排列。這樣就不用再旋轉確認有沒有重複了。」

米爾迦：「就算保持座位的轉動，仍可得到解答。」

蒂蒂：「？」

米爾迦：「用中午我們討論念珠排列用的方法。」

我：「啊，這麼說來確實如此！」

蒂蒂：「？？」

米爾迦：「我們計算念珠排列的排列數，當時不是把環狀排列的排列數除以 2 嗎？」

蒂蒂：「是啊，因為環狀排列的任一種排列**翻面後會和另一種排列《相同》**。所以是念珠排列的 2 倍。」

米爾迦：「蒂蒂發現剛剛也說過同樣的話嗎？」

蒂蒂：「有嗎？」

米爾迦：「這是你剛才說的。」

- 計算環狀排列的排列數……有的排列方式旋轉後和另一種排列《相同》。
- 計算念珠排列的排列數……有的排列方式翻面後和另一種排列《相同》。

蒂蒂：「真的耶，兩句話好像。」

米爾迦：「因為環狀排列中，翻面後會《相同》的情形兩兩一組，所以環狀排列的排列數除以 2 才是念珠排列。」

蒂蒂：「是的。」

米爾迦：「要不要想想看，如果將圓桌座位視為一般排列，旋轉後《相同》的情形會幾個一組呢？」

蒂蒂：「啊！」

我：「嗯，就是這樣。」

蒂蒂：「旋轉後會《相同》……啊哈哈哈！」

我：「蒂蒂怎麼啦！？」

蒂蒂：「不、不好意思。如果有 5 人，旋轉後會《相同》的一般排列會是 5 個一組對吧！把它看成一般排列時，5 個人分別當第一個就可以了。」

米爾迦：「請問笑點在哪裡？」

蒂蒂：「是我失禮了。因為我在想到中華餐館內，坐在 Lazy Susan 前 5 個人在旋轉的畫面⋯⋯」

想到那個畫面，我們也跟著笑了出來。

米爾迦：「求 n 人環狀排列的排列數，有兩種方法。當然，結果是一樣的。」

$(n-1)!$	固定其中 1 人，將剩下的 $n-1$ 人視為一般排列。
$\dfrac{n!}{n}$	將 n 人一般排列的排列數 $n!$ 除以重複次數 n。

$$(n-1)! = (n-1) \times (n-2) \times \cdots \times 1$$
$$= \frac{n \times (n-1) \times (n-2) \times \cdots \times 1}{n}$$
$$= \frac{n!}{n}$$

蒂蒂：「原來如此。」

米爾迦：「《除以 n》是因為旋轉後會《相同》的一般排列為 n 個一組，故同一種算過 n 次[*]。」

我：「也就是先用一般的方法計算，再《除以重複次數》。」

米爾迦：「Exactly。」

環狀排列的算法 1（將其中 1 人固定）

一個圓桌，圍繞 5 個座位。有 5 人欲坐在這些座位上，則可由下列計算過程

$$4! = 4 \times 3 \times 2 \times 1 = 24$$

得到入座方式共有 24 種。

（固定其中 1 人，將剩下的 4 人視為一般排列）

環狀排列的算法 2（除以重複次數）

一個圓桌，圍繞 5 個座位。有 5 人欲坐在這些座位上，則可由下列計算過程

$$\frac{5!}{5} = \frac{5 \times 4 \times 3 \times 2 \times 1}{5} = 24$$

得到入座方式共有 24 種。

（將 5 人視為一般排列，計算排列數，再除以重複次數 5）

米爾迦：「不用特別說應該也看得出來，兩種方法都正確。」

蒂蒂：「啊！這也是一種《武器》是嗎！」

米爾迦：「武器？」

蒂蒂：「是的。不管是《固定其中 1 人使之回歸至一般排列》，

還是《視為一般排列計算，再除以重複次數》，都是計算排列組合的武器！」

米爾迦：「是這個意思啊。」

蒂蒂：「了解之後就覺得這些東西理所當然了，真神奇！」

我：「《除以重複次數》這件武器，在《將念珠排列回歸至環狀排列》，以及《將環狀排列回歸至一般排列》，過程中都會用到。」

蒂蒂：「是這樣沒錯⋯⋯」

米爾迦：「在算有幾種情形時，注意不要算到重複的情形。若出現兩種重複情形，則這兩種情形彼此等價。」

蒂蒂：「等價⋯⋯」

我：「的確，不管是旋轉後會《相同》，或者是翻面後會《相同》，當我們將兩種排列情形視為重複，就是將這兩種排列情形視為等價。」

米爾迦：「重複就是等價，而等價可聯想到除法。」

我：「就是除以重複次數對吧？」

米爾迦：「沒錯，就像 vector（向量）一樣*。經平移而重疊的箭號可視為等價。將所有箭號的集合，除以『平移後相等』的等價關係，就會得到 vector。」

瑞谷老師：「放學時間到了。」

---

* 參考《數學女孩的秘密筆記／向量篇》一書。

　　瑞谷老師的宣告，使我們的數學雜談告一個段落。在這些
《了解之後就覺得理所當然》背後，還隱藏著許多有趣的數學。

　　　　　　　　　　　　「若是沒有排成一列，是否算不出來呢？」

第 1 章的問題

> 解題就像游泳，
> 實際操作才會明白。
> 而需要實際操作的技術，
> 則需模仿與練習才能牢記。
> ──波利亞（George Pólya）

●問題 1-1（環狀排列）

一個圓桌，圍繞 6 個座位。6 個人欲坐在這些座位上，共
有幾種入座方式？

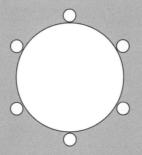

（答案在 p. 268 頁）

●問題 1-2（豪華特別座）

一個圓桌，圍繞 6 個座位，其中 1 個為豪華特別座。6 個人欲坐在這些座位上，共有幾種入座方式？

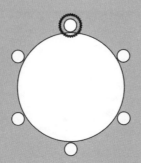

（答案在 p. 270 頁）

●問題 1-3（念珠排列）

將 6 個相異的寶石串成一圈，作成一個念珠串，可以串成幾種不同的念珠串？

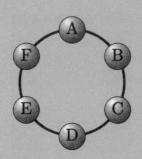

（答案在 p. 272 頁）

第 2 章

好玩的組合

「若不想像具體事例，則容易受假象所蒙蔽」

2.1　完成作業之後

今天是禮拜六，這裡是我家的飯廳。

餐桌上攤著表妹由梨的筆記，由梨正埋首於她的數學作業。

由梨：「……啊——結束了結束了！終於把作業做完了。」

我：「由梨，為什麼還要特別跑來我家做作業呢？」

由梨：「又沒什麼關係。」

由梨輕輕搖了一下她的栗色馬尾說著。

她家離這裡不遠，常常會跑來我家玩。

我：「是數學作業嗎？」

由梨：「是組合的計算，像這個。」

> **問題 1（組合數）**
> 從 5 位學生中選出 2 位，會有幾種組合？

我：「原來如此，這對由梨來說很簡單吧。」

由梨：「很簡單啊，就是這樣解吧？」

> **解答 1（組合數）**
>
> $$_5C_2 = \frac{5 \times 4}{2 \times 1} = 10$$
>
> 故從 5 位學生中選出 2 位，共有 10 種組合。

我：「沒錯。」

由梨：「這太簡單了啦！」

我：「既然只有 10 種，那把這些組合全部列出來也不難吧。設 5 位學生分別為 A, B, C, D, E。」

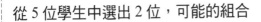

從 5 位學生中選出 2 位，可能的組合

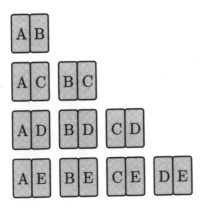

由梨：「你看，是 10 種吧。」

我：「是啊。由梨的回答正確無誤──不過由梨知道為什麼可以由下面這個式子，算出《5 人中選出 2 人可能的組合》嗎？」

$$\frac{5 \times 4}{2 \times 1}$$

由梨：「從 5 人中選出 2 人，不用考慮選擇順序，所以要除以 2。」

我：「嗯嗯，沒錯，由梨很清楚嘛。」

由梨：「嘿嘿。」

我：「也就是這個意思：」

- 從 5 人中選出第 1 人，有 5 種可能。
- 在這 5 種可能之下，從剩下的 4 人中選出第 2 人，則有 4 種可能。

由梨：「嗯。」

我：「這樣算的話會有

$$5 \times 4 = 20 \text{ 種可能的選擇方式。}$$

這種算法將《選出第 1 人》和《選出第 2 人》分成兩個動作，也就是設想為排列。」

由梨：「排列。」

我：「但現在我們不去區分是《照 A, B 的順序選擇》還是《照 B, A 的順序選擇》，這就是設想為組合。」

由梨：「組合。」

我：「排列有 20 種可能。但計算組合時，A, B 和 B, A 合起來只算 1 種。這 20 種排列會出現重複的組合，且排列數會是組合數的 2 倍，所以——」

由梨：「所以要除以 2 得到 10 才對！剛才不就說了嗎？」

我：「是啊，就像由梨說的一樣。先計算依序選出 2 人可能的情形，再用除法計算不依順序可能的情形。換句話說，就是除以重複次數。若用圖表形式來表示《排列》和《組合》，關係便能一目瞭然。」

從 5 位學生中選出 2 位《排列》

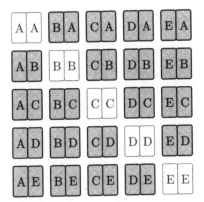

從 5 位學生中選出 2 位《組合》

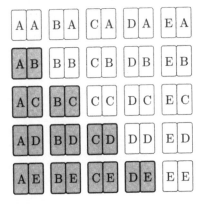

由梨：「就是除以 2 吧。」

我：「是啊。選擇 2 人的時候，只要將排列數除以 2 即可。那如果是從 5 人中選出 3 人的話又會如何呢？」

> 問題 2（組合數）
> 從 5 位學生中選出 3 位，會有幾種組合？

由梨：「計算方式一樣啊！」

> 解答 2（組合數）
>
> $$_5C_3 = \frac{5 \times 4 \times 3}{3 \times 2 \times 1} = 10$$
>
> 故從 5 位學生中選出 3 位時，共有 10 種組合。

我：「是啊。$\frac{5 \times 4 \times 3}{3 \times 2 \times 1}$ 的分子 5×4×3 是《從 5 人中選出 3 人時的排列數》，而分母 3×2×1 則是《這 3 人所有可能的排列順序》，分母也可說是《從 3 人中選出 3 人時的排列數》。」

$$
\text{從 5 人中選出 3 人的組合數}
$$

$$
= \frac{\text{從 5 人中選出 3 人的排列數}}{\text{從 3 人中選出 3 人的排列數}}
$$

$$
= \frac{5 \times 4 \times 3}{3 \times 2 \times 1}
$$

由梨：「好複雜的說明喵。」

我：「會嗎？」

由梨：「會—啊—，說一大堆依序之類的東西。」

我：「是這樣沒錯啦，不過這些都是排列組合的重點喔。

- 考慮順序，將選出來的排成一列為《排列》
- 不考慮順序，只看選出哪些對象為《組合》

請分清楚。」

由梨：「既然都寫完作業，哥，來玩遊戲吧。」

我：「由梨啊，你能不能把剛才的《從 5 人中選出 3 人的組合數》一般化呢？」

由梨：「一般化？」

2.2 一般化

我：「沒錯，就是《利用變數將其一般化》。把『從 5 人中選出 3 人』推廣為『從 n 人中選出 r 人』的組合數，也就是在問你知不知道怎麼求這個：

$$\binom{n}{r} \qquad \rfloor$$

由梨：「咦，哥哥，為什麼你要用 $\binom{n}{r}$ 來表示組合數，而不是用 $_nC_r$ (譯註) 呢？」

我：「嗯，$_nC_r$ 和 $\binom{n}{r}$ 是一樣的意思喔。學校教的時候常用 $_nC_r$ 表示，不過一般的數學書籍比較常用 $\binom{n}{r}$。」

由梨：「是這樣啊，難怪由梨從來沒看過。」

我：「而且啊，和 nC_r 比起來，寫成 $\binom{n}{r}$ 更能清楚表示重要的 n 和 r。舉例來說，和

$$_{n+r-1}C_{n-1}$$

比起來，

$$\binom{n+r-1}{n-1}$$

看起來更清楚，不是嗎？」

由梨：「數學式魔人想的就是和一般人不一樣呢。」

我：「這種程度還算不上是魔人啦……話說回來 $\binom{n}{r}$ 是什麼呢？」

由梨：「什麼是什麼？」

我：「你知道怎麼用 n 和 r 來表示 $\binom{n}{r}$ 嗎？」

譯註：台灣的數學教材，n 通常寫在 C 的右上角，r 則同樣寫在 C 的右下角，即 C_r^n。

問題 3（組合數的一般化）

從 n 人中取 r 人的組合數，$\binom{n}{r}$，是多少？請用 n 和 r 來表示 $\binom{n}{r}$。

其中，n 和 r 皆為大於等於 0 的整數（$0, 1, 2, \cdots$），且 $n \geqq r$。

由梨：「嗯，知道啊，就是這樣吧？」

解答 3（組合數的一般化）

從 n 人中取 r 人的組合數，$\binom{n}{r}$，可以用 n 和 r 表示如下

$$\binom{n}{r} = \frac{n!}{r!\,(n-r)!}$$

其中，n 和 r 皆為大於等於 0 的整數（$0, 1, 2, \cdots$），且 $n \geqq r$。

我：「沒錯，而式中的 $n!$ 表示**階乘**。」

階乘 $n!$

$$n! = n \times (n-1) \times (n-2) \times \cdots \times 2 \times 1$$

其中，n 為大於等於 0 的整數（0, 1, 2, 3, $\cdots$）。
並定義 $0! = 1$。

由梨：「這我知道啊！」

我：「就像由梨的答案一樣，從 n 人中選出 r 人的組合數，可由下式得到答案

$$\binom{n}{r} = \frac{n!}{r!\,(n-r)!}$$

不過呢，如果把這個式子和由梨剛才算《從 5 人中選出 3 人的組合數》放在一起看，有個地方怪怪的。」

從 5 人中選出 3 人的組合數

$$\binom{5}{3} = \frac{5 \times 4 \times 3}{3 \times 2 \times 1}$$

從 n 人中選出 r 人的組合數

$$\binom{n}{r} = \frac{n!}{r!\,(n-r)!}$$

由梨：「哪裡怪怪的？」

我：「看得出來兩條式子明顯有差吧。要是把 $n=5$，$r=3$ 直接代入 $\dfrac{n!}{r!\,(n-r)!}$ 會得到以下結果。」

$$\binom{n}{r} = \frac{n!}{r!\,(n-r)!}$$

$$\binom{5}{3} = \frac{5!}{3!\,(5-3)!} \qquad \text{將 n=5，r=3 代入}$$

由梨：「啊……你這樣說也對啦。」

我：「要證明下面這個等式，等號兩邊相等才行喔。」

$$\frac{5!}{3!\,(5-3)!} \overset{?}{=} \frac{5 \times 4 \times 3}{3 \times 2 \times 1}$$

由梨：「那還不簡單……計算不就知道了嗎？」

$$\begin{aligned}
\frac{5!}{3!\,(5-3)!} &= \frac{5!}{3!\,2!} \\
&= \frac{5 \times 4 \times 3 \times 2 \times 1}{3 \times 2 \times 1 \times 2 \times 1} \\
&= \frac{5 \times 4 \times 3}{3 \times 2 \times 1} \qquad \text{分子與分母同除以 2×1（約分）}
\end{aligned}$$

因此，$\dfrac{5!}{3!(5-3)!}$ 與 $\dfrac{5 \times 4 \times 3}{3 \times 2 \times 1}$ 相等。

我：「是沒錯，這樣也對。不過呢，由梨能不能把剛才計算過程的約分，以代數符號來表示呢？雖然看起來變得比較複雜，但用符號具體寫出來其實不會比使用數字還困難。」

$$\frac{n!}{r! \, (n-r)!}$$

$$= \frac{n \times (n-1) \times \cdots \times (n-r+1) \times \overbrace{(n-r) \times (n-r-1) \times \cdots \times 2 \times 1}^{\text{等於}(n-r)!}}{r! \, (n-r)!}$$

$$= \frac{n \times (n-1) \times \cdots \times (n-r+1) \times \boxed{(n-r)!}}{r! \, \boxed{(n-r)!}}$$

$$= \frac{n \times (n-1) \times \cdots \times (n-r+1)}{r!} \qquad \text{分母與分子同除以}\,(n-r)!\,（約分）$$

$$= \frac{n \times (n-1) \times \cdots \times (n-r+1)}{r \times (r-1) \times \cdots \times 2 \times 1} \qquad \text{將分母}\ r!\ \text{展開}$$

由梨：「好麻煩……是說原來 $(n-r)!$ 可以約掉啊。」

我：「是啊。分子的 $n!$ 裡面有《尾巴》一樣的 $(n-r) \times (n-r-1) \times \cdots \times 1$ 會被約掉。所以分子會變成 $n \times (n-1) \times \cdots \times (n-r+1)$ 這種《沒有尾巴的階乘》喔。」

由梨：「我說哥哥你真的很愛玩數學式耶，那這條式子又有什麼意義呢？」

我：「這表示，《從 n 人中選出 r 人的組合數》計算方式有 2 種。當然，這兩種算法都正確。」

從 n 人中選出 r 人的組合數

從 n 人中選出 r 人的組合數 $\binom{n}{r}$ 計算方式有兩種。

$$\binom{n}{r} = \frac{n!}{r!\,(n-r)!}$$

$$\binom{n}{r} = \frac{n \times (n-1) \times \cdots \times (n-r+1)}{r \times (r-1) \times \cdots \times 1}$$

其中，n 和 r 皆為大於等於 0 的整數（$0, 1, 2, \cdots$），且 $n \geqq r$。

2.3 對稱性

我：「話說回來，我們剛才是用 $(n-r)!$ 來約分，但其實用 $r!$ 來約分也可以喔。」

$$\frac{n!}{r!\,(n-r)!}$$

等於 $r!$

$$= \frac{n \times (n-1) \times \cdots \times (r+1) \times \overbrace{r \times (r-1) \times \cdots \times 2 \times 1}}{r!\,(n-r)!}$$

$$= \frac{n \times (n-1) \times \cdots \times (r+1) \times r!}{r!\,(n-r)!}$$

$$= \frac{n \times (n-1) \times \cdots \times (r+1)}{(n-r)!}$$　　分母與分子同除以 $r!$（約分）

$$= \frac{n \times (n-1) \times \cdots \times (r+1)}{(n-r) \times (n-r-1) \times \cdots \times 1}$$　　將分母 $(n-r)!$ 展開

由梨：「又是一堆看起來很麻煩的式子……啊，原來剛才是用 $(n-r)!$ 約分，這次則是用 $r!$ 來約分嗎？」

我：「沒錯沒錯，真虧你看得出來耶，由梨。」

由梨：「懂一點數學的人都看得出來啦。」

我：「那你也看得出來下面這個等式會成立吧？」

$$\frac{n \times (n-1) \times \cdots \times (n-r+1)}{r \times (r-1) \times \cdots \times 1} = \frac{n \times (n-1) \times \cdots \times (r+1)}{(n-r) \times (n-r-1) \times \cdots \times 1}$$

由梨：「哇，好複雜！」

我：「剛才是誰說『懂一點數學的人都看得出來』啊？」

由梨：「可惡別學人家啦—！我想想，左邊是用 $(n-r)!$ 約分的結果，而右邊是用 $r!$ 約分的結果嗎？」

我：「正是如此，意義相同的數學式，可以寫成兩種不同計算方法。」

由梨：「嗯。」

我：「再來就可以導出對稱公式。」

對稱公式

$$\binom{n}{r} = \binom{n}{n-r}$$

由梨：「這樣啊……咦？這兩個當然會相等啊，因為

$$_nC_r = {_nC_{n-r}}$$

不是嗎？《從 n 人中選出 r 人》和《從 n 人中選擇，並留下 $n-r$ 人》意思一樣嘛。」

我：「沒錯！將由梨心中的想法寫下來，就是這個等式喔。」

由梨：「哦──」

我：「用 n 和 r 來寫的話可能不太好理解。但若假設被選到的有 s 人，則沒被選到的會有 r 人，且 $n=s+r$，這樣就看得出對稱性了吧。」

由梨：「對稱性啊……」

> **對稱公式**
>
> 從 $s+t$ 人中選出 s 人的組合數，與
> 從 $t+s$ 人中選出 t 人的組合數相同。
>
> $$\binom{s+t}{s} = \binom{t+s}{t}$$

我：「寫成 $\dfrac{(s+t)!}{s!\ t!} = \dfrac{(t+s)!}{t!\ s!}$ 這樣就更清楚了吧，左右剛好對稱不是嗎？」

由梨：「真的耶。」

我：「話說回來，雖然由梨一直說很麻煩很麻煩，但還是把推導過程一一讀完了，很厲害喔。」

由梨：「呵呵，這是有訣竅的喔，哥哥。」

我：「訣竅？」

2.4　觀察首項與末項

由梨：「讀數學式的訣竅就是要《觀察首項與末項》。」

我：「什麼意思？」

由梨：「哥哥你剛才不是寫了像這樣的數學式嗎？

$$n \times (n-1) \times \cdots \times (n-r+1)$$

拿這個當例子，就是要《觀察它的首項與末項》。」

$$\underbrace{n}_{\text{首項}} \times (n-1) \times \cdots \times \underbrace{(n-r+1)}_{\text{末項}}$$

我：「原來如此。」

由梨：「然後呢，自己想一個例子代入，譬如 $n=5, r=3$。這樣《首項》的 n 就是 5，而《末項》的 $(n-r+1)$ 就是 $5-3+1=3$ 囉。這樣我就可以看出『啊，原來這個式子就是 $5 \times 4 \times 3$ 啊喵！』」

我：「由梨！由梨真的很厲害耶！」

由梨：「哇，嚇我一跳，真的有那麼厲害嗎？」

我：「很厲害很厲害。」

由梨：「哥哥想摸摸頭的話，可以給你摸喔。」

我順著由梨的意摸了摸她的頭。

2.5 計算個數

我：「除了由梨說的《觀察首項與末項》，《逐一計算》也是讀數學式的訣竅喔。」

由梨：「計算什麼呢？」

我：「當我們看到 $n \times (n-1) \times (n-2) \times \cdots \times (n-r+2) \times (n-r+1)$ 的時候……」

$$\underbrace{n}_{\text{第 1 項}} \times \underbrace{(n-1)}_{\text{第 2 項}} \times \underbrace{(n-2)}_{\text{第 3 項}} \times \cdots \times \underbrace{(n-r+2)}_{\text{第 }r-1\text{ 項}} \times \underbrace{(n-r+1)}_{r\text{ 項}}$$

由梨:「……」

我:「把各項分為第 1 項、第 2 項、第 3 項……《逐一計算》,可看出這一串式子是由 r 項相乘得到的。」

由梨:「這樣很難耶——。一開始的 1, 2, 3 還好,但你怎麼知道最後的是 $r-1$ 和 r 啊?中間還夾了點點點($\cdots$),看不出來有幾個啊——」

我:「說的也是,這個時候就要用到一個訣竅了。$n \times (n-1) \times (n-2) \times \cdots$ 是一串《每一項是前一項減 1》的連乘。」

由梨:「嗯。」

我:「而我們計算每一項是用 $1, 2, 3, \cdots$ 的方式數,《每一項是前一項加 1》。」

由梨:「當然囉。」

我:「所以我們知道《兩者之和永遠相等》,這個例子,兩者的同項相加永遠都是 $n+1$。」

$$\begin{aligned}
&n && n \text{ 為第 1 項,} n+1=n+1 \\
&\times(n-1) && (n-1) \text{ 為第 2 項,} (n-1)+2=n+1 \\
&\times(n-2) && (n-2) \text{ 為第 3 項,} (n-2)+3=n+1 \\
&\times\cdots
\end{aligned}$$

由梨：「兩者相加永遠是 $n+1$ 啊……」

我：「所以一看就知道 $(n-r+2)$ 是第幾項囉。」

由梨：「原來如此！只要想 $(n-r+2)$ 要加上多少會等於 $n+1$ 就行了！答案是 $r-1$！」

我：「沒錯。同樣的，因為 $(n-r+1)+r=n+1$，所以 $(n-r+1)$ 是第 r 項。」

n	n 為第 1 項，$n+1=n+1$
$\times(n-1)$	$(n-1)$ 為第 2 項，$(n-1)+2=n+1$
$\times(n-1)$	$(n-2)$ 為第 3 項，$(n-2)+3=n+1$
$\times\cdots$	$\cdots$
$\times(n-r+2)$	$(n-r+2)$ 為第 $r-1$ 項，$(n-r+2)+(r-1)=n+1$
$\times(n-r+1)$	$(n-r+1)$ 為第 r 項，$(n-r+1)+r=n+1$

我：「經過簡單的計算，便能《一個個數》出有幾項。將我們《一個個數》所得到的結果，與組合數的公式擺在一起看……」

$$\binom{n}{r}=\frac{\overbrace{n\times(n-1)\times(n-2)\times\cdots\times(n-r+2)\times(n-r+1)}^{r\text{ 項連乘積}}}{\underbrace{r\times(r-1)\times(r-2)\times\cdots\times2\times1}_{r\text{ 項連乘積}}}$$

由梨：「不管是分母或分子，都是 r 個數的連乘積嗎？」

我：「是啊，也可以寫成這樣：」

$$\binom{n}{r} = \underbrace{\frac{n}{r} \cdot \frac{n-1}{r-1} \cdot \frac{n-2}{r-2} \cdots \frac{n-r+2}{2} \cdot \frac{n-r+1}{1}}_{r \text{ 項連乘積}}$$

我：展開成這樣，便能清楚看見分母與分子都是由 r 個數相乘而得。」

由梨：「……」

我：「到這裡應該能發現這條式子就是 $\frac{5}{3} \cdot \frac{4}{2} \cdot \frac{3}{1}$，或 $\frac{5 \times 4 \times 3}{3 \times 2 \times 1}$ 這樣的一般化形式。只要推導數學式，就能用 n 與 r 表達示一般化的式子。和 5 與 3 這種實際數字比起來，用 n 和 r 推導比較讓人印象深刻，不是嗎？」

由梨：「這個嘛，雖然我完全聽不懂你最後講的那一大串是什麼意思，不過很好玩！」

我：「對吧？推導數學式真的很有趣喔。」

由梨：「本來只是要算出《有幾種可能》，不知為何卻變成了在算《數學式的項數》啊，真不愧是數學式魔人！」

我：「才不是魔人勒。」

2.6　巴斯卡三角形

由梨：「哥哥推導數學式的過程很有趣耶，讓由梨也有點想試試看！」

我：「沒問題！由梨知道巴斯卡三角形嗎？」

由梨：「知道呀，就是把上面兩個數相加得到下面的數不是嗎？
　　　哥哥你從前常常提過啊。」

巴斯卡三角形

```
                        1
                     1     1
                  1     2     1
               1     3     3     1
            1     4     6     4     1
         1     5    10    10     5     1
      1     6    15    20    15     6     1
   1     7    21    35    35    21     7     1
1     8    28    56    70    56    28     8     1
```

我：「那你知道這些三角形中的數字，每個都是某種情形下的
　　《組合數》嗎？」

由梨：「呃……為什麼啊？」

我：「整理成表格，會比較清楚。」

$\diagdown r$ n	0	1	2	3	4	5	6	7	8
0	1								
1	1	1							
2	1	2	1						
3	1	3	3	1					
4	1	4	6	4	1				
5	1	5	10	10	5	1			
6	1	6	15	20	15	6	1		
7	1	7	21	35	35	21	7	1	
8	1	8	28	56	70	56	28	8	1

將巴斯卡三角形列成表格

由梨：「不覺得這樣有比較清楚耶。」

我：「這個表格中《第 n 列第 r 行的數字》*剛好會等於《從 n 個物品中選出 r 個的組合數》喔。」

由梨：「這樣啊──」

我：「舉例來說，如果要求《從 5 個物品中選出 2 個的組合數》，過程是 $\binom{5}{2} = \dfrac{5 \times 4}{2 \times 1} = 10$。而這個答案與表中《第 5 列第 2 行的數》，10，相等。」

---

*譯註：日語的「行」與「列」，與臺灣所使用的中文的「列」與「行」剛好相反。

r n	0	1	2	3	4	5	6	7	8
0	1								
1	1	1							
2	1	2	1						
3	1	3	3	1					
4	1	4	6	4	1				
5	1	5	10	10	5	1			
6	1	6	15	20	15	6	1		
7	1	7	21	35	35	21	7	1	
8	1	8	28	56	70	56	28	8	1

《第 5 列第 2 行的數》與 $\binom{5}{2}$ 相等

由梨：「真的耶！啊，這個表是從第 0 列開始算的啊。」

我：「是啊，從 0 開始算會比較方便。」

由梨：「是喔──」

我：「剛才提到的《對稱公式》，也可以從巴斯卡三角形中看出來喔，你知道怎麼看嗎？」

對稱公式

$$\binom{n}{r} = \binom{n}{n-r}$$

由梨:「不知道。」

我:「《馬上回答表示沒有思考》,你這樣曾讓米爾迦生氣,記得嗎?」

由梨:「唔,別搬米爾迦大神出來說教啦!……我想想,每一列的數字都會左右對稱是嗎?」

我:「沒錯,表中數字如 1 1、1 2 1、1 3 3 1,……等等,每一列的數字都會左右對稱。拿第 8 列來看,

　　　　1　8　28　56　70　56　28　8　1

確實和《對稱公式》這個名字相符。」

由梨:「嗯嗯。」

我:「對稱公式可以由組合的定義得證,也可以由巴斯卡三角形觀察得到。除此之外,也可以像由梨剛才說的,因為《從 n 人中選出 r 人》和《從 n 人中選擇,並留下 $n-r$ 人》的意思一樣,所以對稱公式成立。我們可以從各種角度來看組合數的意義喔。」

由梨:「哦哦。」

我：「話說回來，由梨不覺得很神奇嗎？」

由梨：「哪裡神奇？」

我：「畫巴斯卡三角形時，先在第 0 行寫下 1，第 1 行寫下 1
1，再來只要將上一行的兩個數字相加，就可以得到下一行
的數字了。而兩端的數字永遠是 1。」

由梨：「是啊。」

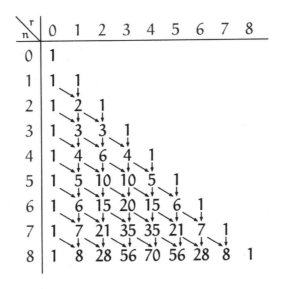

巴斯卡三角形的規則

我：「你知道為什麼這種作法得到的數字都會是組合數嗎？不
過只是一直把兩個數加起來而已。」

由梨：「為什麼啊……為什麼呢？」

我：「巴斯卡三角形可以用來產生組合數嗎？問題在此。」

> **問題 4（巴斯卡三角形與組合數）**
> 巴斯卡三角形可以用來產生組合數嗎？

由梨：「……我不知道。啊，這次我有先想過啦！不是我懶得回答的意思，我的意思是《不曉得該怎麼回答》。」

我：「嗯，說的也是。這個問題不好回答，讓人不知道《該怎麼回答才稱得上是答案呢》對吧。」

由梨：「沒錯沒錯！該怎麼回答才稱得上是答案呢？」

我：「其實有好幾種回答的方式喔，舉例來說，用數學式就可以寫出答案了。」

由梨：「用數學式來回答嗎？」

我：「巴斯卡三角形的規則為《兩端為 1，由上一行的 2 個數字相加得到下一行的數字》，與之相對，組合數 $\binom{n}{r}$ 的定義為 $\dfrac{n!}{r!\,(n-r)!}$。」

由梨：「嗯，了解，然後呢？」

我：「所以，只要能證明巴斯卡三角形的生成方式，即可推得組合數的公式。」

由梨：「……」

我：「咦？不好懂嗎？」

由梨：「讓我想一下。」

由梨的表情突然變得嚴肅，似乎正在全速運轉她的腦袋，栗色頭髮也散發出金色光芒。我則在旁靜靜等待由梨「回過神來」。

我：「……」

由梨：「……我說哥哥啊。」

我：「怎麼啦？」

由梨：「……這很有意思耶。」

我：「什麼東西很有意思？」

由梨：「你看啊，雖然我知道巴斯卡三角形是什麼，但當我聽到它可以生成組合數時，也只會覺得『是喔，那又怎樣』。從來沒想過要《證明看看》。」

我：「嗯。」

由梨：「一般的確會這樣想沒錯吧。製作巴斯卡三角形的方法，本來就不太容易聯想到可以用來生成組合數。當數字比較

小的時候——像第 5 列第 2 行——確實是組合數之一的 $\binom{5}{2}$ 沒錯。但我們沒辦法保證接下來的每一個數都會是組合數啊。」

我：「沒錯沒錯！就是這個意思，由梨真的很厲害耶。我們就是希望能保證『若照著巴斯卡三角形的規則往下寫，則寫出來的數字都是組合數』，才想要用數學證明看看。」

由梨：「證明得出來嗎？」

我：「證明得出來喔。只是需要一點計算，一起來試試看吧。」

由梨：「好啊好啊！」

我：「嗯，我們要證明的是『對於所有大於等於 0 的整數 n 與 r，巴斯卡三角形第 n 列第 r 行的數皆等於 $\binom{n}{r}$，其中 $n \geqq r$。』」

由梨：「嗯嗯，的確。要是能證明這是對的，就能保證巴斯卡三角形中每一個數都是組合數了。」

我：「先將巴斯卡三角形中，《第 n 列第 r 行的數》寫成 $T(n, r)$。」

$$T(n, r) \text{ 巴斯卡三角形中《第 } n \text{ 列第 } r \text{ 行的數》}$$

由梨：「？」

我：「這麼一來，就能將我們想證明的東西寫成數學式了。只要證明 $T(n, r) = \binom{n}{r}$ 就行了！」

$$T(n,r) \stackrel{?}{=} \frac{n!}{r!\,(n-r)!}$$

由梨：「原來如此喵！」

我：「先用一個例子來試試看吧，$T(0,0)$ 的值是多少呢？」

由梨：「《第 0 列第 0 行》的數嗎？就是 1 啊，看表就知道了。」

r n	0	1	2	3	4	5	6	7	8
0	1								
1	1	1							
2	1	2	1						
3	1	3	3	1					
4	1	4	6	4	1				
5	1	5	10	10	5	1			
6	1	6	15	20	15	6	1		
7	1	7	21	35	35	21	7	1	
8	1	8	28	56	70	56	28	8	1

$$T(0,0) = 1$$

我：「沒錯。而且 $\frac{n!}{r!\,(n-r)!} = \frac{0!}{0!\,(0-0)!} = 1$，算出來也是 1，所以 $T(0,0) = \binom{0}{0}$ 成立。換個方式說，當 $n=0, r=0$ 時，等式 $T(n,r) = \binom{n}{r}$ 成立。」

由梨：「說明太冗長了啦喵。」

我:「接著,來看看特殊情形的 n 與 r 會怎麼樣吧。」

由梨:「特殊?」

我:「先看看每一列的《兩端》,也就是 $r=0$ 與 $n=r$ 的情形。」

由梨:「嗯……啊!就是兩邊的 1 嗎?」

我:「沒錯,巴斯卡三角形的數值在 $r=0$ 和 $n=r$ 時,一定會是 1。也就是說,$T(n,0)=1$ 且 $T(n,n)=1$。」

$T(n,0) = 1, \quad T(n,n) = 1$

我:「另一方面,由組合數的定義算出來會是多少呢?」

由梨：「當 $r=0$ 的時候，$\dfrac{n!}{r!(n-r)!} = \dfrac{n!}{0!(n-0)!} = \dfrac{n!}{n!} = 1$，是 1 沒錯！」

我：「很好，所以等式 $T(n,0) = \binom{n}{0}$ 恆成立。那麼 $n=r$ 又如何呢？」

由梨：「當 $n=r$，$\dfrac{n!}{r!(n-r)!} = \dfrac{n!}{n!(n-n)!} = \dfrac{n!}{n!} = 1$，也是 1 耶！」

我：「非常好！這樣我們也得到了等式 $T(n,n) = \binom{n}{n}$ 也恆成立。」

- 等式 $T(n,0) = \binom{n}{0}$ 成立。
- 等式 $T(n,n) = \binom{n}{n}$ 成立。

由梨：「可是，這樣也只能證明巴斯卡三角形的兩邊會符合等式而已啊，那中間的該怎麼辦？」

我：「只要照著巴斯卡三角形產生數字的規則寫出式子就行囉。」

由梨：「你是指把相鄰的 2 個數相加這個規則嗎？」

我：「讓我們好好用數學式來表達吧。若將第 n 列的數字中，第 r 行和第 $r+1$ 行的數字相加，也就是將 $T(n,r)$ 與 $T(n,r+1)$ 加起來，會得到……」

由梨：「會得到下面那一列，也就是第 $n+1$ 列的數嗎？」

我：「是的，會得到第 $n+1$ 列第 $r+1$ 行的數，也就是 $T(n+1, r+1)$。」

由梨:「原來如此!」

我:「巴斯卡三角形產生數值的方式,可寫為以下等式

$$T(n,r) + T(n,r+1) = T(n+1,r+1)$$

因此,只要確認組合數 $\binom{n}{r}$ 是否也能寫成同樣的式子就行了」

這個等式會成立嗎?

$$\binom{n}{r} + \binom{n}{r+1} = \binom{n+1}{r+1}$$

其中,n 與 r 為大於等於 0 的整數,且 $n \geqq r+1$。

由梨:「哦!……哥哥你要怎麼確認呢?」

我:「只要由組合的定義,計算等式左邊會等於什麼就行囉。因為是分數的加法,先通分再相加就能算出答案。」

$$\binom{n}{r} + \binom{n}{r+1}$$

$$= \frac{n!}{r!\,(n-r)!} + \frac{n!}{(r+1)!\,(n-(r+1))!} \qquad \text{由組合數定義}$$

$$= \frac{r+1}{r+1} \cdot \frac{n!}{r!\,(n-r)!} + \frac{n-r}{n-r} \cdot \frac{n!}{(r+1)!\,(n-(r+1))!} \qquad \text{通分前的準備}$$

$$= \frac{(r+1) \times n!}{(r+1) \times r!\,(n-r)!} + \frac{(n-r) \times n!}{(n-r) \times (r+1)!\,(n-r-1)!} \qquad \text{通分}$$

$$= \frac{(r+1) \times n!}{(r+1)!\,(n-r)!} + \frac{(n-r) \times n!}{(r+1)!\,(n-r)!} \qquad \text{計算分母}$$

$$= \frac{(r+1) \times n! + (n-r) \times n!}{(r+1)!\,(n-r)!} \qquad \text{相加}$$

$$= \frac{((r+1)+(n-r)) \times n!}{(r+1)!\,(n-r)!} \qquad n!$$

$$= \frac{(n+1) \times n!}{(r+1)!\,(n-r)!} \qquad \text{因為}\ (r+1)+(n-r) = n+1$$

$$= \frac{(n+1)!}{(r+1)!\,(n-r)!} \qquad \text{因為}\ (n+1) \times n! = (n+1)!$$

$$= \binom{n+1}{r+1} \qquad \text{由組合數定義}$$

由梨:「哇,這也太複雜了吧!和一般的通分差太多了!」

我:「重點是要注意到 $(r+1) \times r! = (r+1)!$ 以及 $(n-r) \times (n-r-1)!$ $= (n-r)!$ 喔,還有最後的 $(n+1) \times n! = (n+1)!$ 也是,只要想想階乘的定義就能明白了。」

由梨:「雖然有點麻煩,不過還是算得出來耶!」

我:「所以最後可得到這樣的結果。」

以下等式成立

$$\binom{n}{r} + \binom{n}{r+1} = \binom{n+1}{r+1}$$

其中，n 與 r 為大於等於 0 以上的整數，且 $n \geq r+1$。

由梨：「這樣是不是就能證明巴斯卡三角形中，《由上一列相鄰兩數相加》所得的數是組合數呢？」

我：「是啊，這樣就證明完囉。」

由梨：「喔耶！」

解答 4（巴斯卡三角形與組合數）
表格形式的巴斯卡三角形中，《第 n 列第 r 行的數》與《從 n 人中選出 r 人的可能組合數》相等。

2.7 找出公式

我：「觀察列成表格的巴斯卡三角形，可以找出許多《公式》喔。」

由梨：「咦，什麼公式啊？」

我：「舉例來說，讓我們來看看表中第 3 行的數字。」

r n	0	1	2	3	4	5	6	7	8
0	1								
1	1	1							
2	1	2	1						
3	1	3	3	1					
4	1	4	6	4	1				
5	1	5	10	10	5	1			
6	1	6	15	20	15	6	1		
7	1	7	21	35	35	21	7	1	
8	1	8	28	56	70	56	28	8	1

由梨：「第 3 行就是 1, 4, 10, 20, 35, 56, … 這行嗎？」

我：「沒錯，試著照順序把它們加起來吧，先加加看前 3 個。」

由梨：「前 3 個加起來是 15，怎麼了嗎？」

$$1 + 4 + 10 = 15$$

我：「再看一下剛才加總範圍的右下角的數字，會發現……」

由梨：「哦！也是 15 耶！」

r n	0	1	2	3	4	5	6	7	8
0	1								
1	1	1							
2	1	2	1						
3	1	3	3	1					
4	1	4	6	4	1				
5	1	5	10	10	5	1			
6	1	6	15	20	15	6	1		
7	1	7	21	35	35	21	7	1	
8	1	8	28	56	70	56	28	8	1

$$1 + 4 + 10 = 15$$

我：「在巴斯卡三角形中，將同一直行內由上往下加總任意個
　　數值，結果正好會等於右下角的數喔。」

由梨：「咦！真的嗎！」

我：「真的啊。再舉個例，第 1 行是 1, 2, 3, 4, 5, 6, 7, 8, … 對
　　吧，試著把前 7 個加起來看看。」

由梨：「把前 7 個加起來的話，1+2+3+4+5+6+7＝28，而
　　右下角……沒錯！也是 28！」

r	0	1	2	3	4	5	6	7	8
n									
0	1								
1	1	1							
2	1	2	1						
3	1	3	3	1					
4	1	4	6	4	1				
5	1	5	10	10	5	1			
6	1	6	15	20	15	6	1		
7	1	7	21	35	35	21	7	1	
8	1	8	28	56	70	56	28	8	1

$$1 + 2 + 3 + 4 + 5 + 6 + 7 = 28$$

我：「巴斯卡三角形中，**任一直行**都會符合這條規則。由上往下加總所得之和，等於右下角的數值。」

由梨：「哦——！」

由梨在巴斯卡三角形上來來回回算了幾遍。

我：「很好玩吧？」

由梨：「很好玩啊！」

我：「那接著就來**證明**這件事吧。」

由梨：「證明什麼？」

我：「就是要證明《由上往下加總所得之和，等於右下角的數值》。」

由梨：「啊，這樣喔，原來這個也可以證明。」

我：「首先要寫出能代表《由上往下加總所得之和，等於右下角的數值》的**數學式**。」

由梨：「又是數學式──？」

我：「要是不寫出數學式，表示邏輯模糊，不容易思考喔。想想看，第 r 個直行所包含的數中，最上面的數是什麼？」

由梨：「嗯，是 $\binom{r}{r}$ 吧？」

我：「沒錯，那麼它下面的數又是？」

由梨：「是 $\binom{r+1}{r}$ ……哦，所以由上往下加總指的就是

$$\binom{r}{r} + \binom{r+1}{r} + \cdots$$

這就是我們要的數學式嗎？」

我：「正是如此！就是照這條式子加下去。假設我們要加到第 n 列的話，會變成

$$\binom{r}{r} + \binom{r+1}{r} + \cdots + \binom{n}{r}$$

所以，只要證明以下等式成立即可！

$$\binom{n+1}{r+1} = \binom{r}{r} + \binom{r+1}{r} + \cdots + \binom{n}{r}$$

由梨：「原來如此。」

我：「證明沒你想得那麼難喔，想想看巴斯卡三角形是怎麼產生的就可以了。先分解 $\binom{n+1}{r+1}$ 看看吧。」

$$\binom{n+1}{r+1} = \binom{n}{r} + \binom{n}{r+1}$$

由梨：「然後呢？」

我：「再來要分解 $\binom{n}{r+1}$，就這樣一直分解下去。」

$$
\begin{aligned}
&\binom{n+1}{r+1} \\
&= \binom{n}{r} + \underline{\binom{n}{r+1}} \qquad \text{分解成兩數相加} \\
&= \binom{n}{r} + \binom{n-1}{r} + \underline{\binom{n-1}{r+1}} \qquad \text{分解成兩數相加} \\
&= \binom{n}{r} + \binom{n-1}{r} + \binom{n-2}{r} + \underline{\binom{n-2}{r+1}} \qquad \text{分解成兩數相加} \\
&= \cdots \\
&= \binom{n}{r} + \binom{n-1}{r} + \binom{n-2}{r} + \cdots + \binom{r+1}{r} + \underline{\binom{r+1}{r+1}} \qquad \text{分解成兩數相加}
\end{aligned}
$$

我：「最後的 $\binom{n+1}{r+1}$ 和 $\binom{r}{r}$ 相等，兩個都是 1，這樣就證完囉。」

$$\binom{n+1}{r+1} = \binom{n}{r} + \binom{n-1}{r} + \binom{n-2}{r} + \cdots + \binom{r+1}{r} + \underline{\binom{r}{r}}$$

由梨：「然後再把它倒過來寫嗎？」

$$\binom{n+1}{r+1} = \binom{r}{r} + \binom{r+1}{r} + \cdots + \binom{n-2}{r} + \binom{n-1}{r} + \binom{n}{r}$$

我：「是啊。這樣就得證囉，縱行相加的總和，會等於右下角的數字。」

由梨：「也太簡單了吧。」

我：「稍微觀察一下製成表格的巴斯卡三角形，馬上就能明白囉。拿 15 當例子，我們可以像這樣一邊分解，一邊往上尋找對應的數值。15 是 10+5，而 5 可分解為 4+1……像這樣一直往上，最後到達 1。」

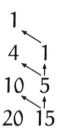

由梨：「啊，這和剛才的證明是一樣的吧，因為都是一直分解下去啊！」

2.8 有幾條算式

我：「像這樣拿巴斯卡三角形來玩玩看，然後發現它與組合數的關係，是不是很有趣？」

由梨：「還蠻有趣的啊，不過我覺得哥哥看起來比我更樂在其中的樣子……」

我：「那你覺得這個問題怎麼樣呢？」

問題 5（使等式成立的數值組合）
設 x, y, z 為 1 以上的整數（$1, 2, 3, \cdots$）
則使以下等式成立的數值組合 (x, y, z) 共有幾組？

$$x + y + z = 7$$

由梨：「為什麼討論主題突然變了啊？」

我：「咦？不不不完全沒變喔。」

由梨：「不是變成 x, y, z 了嗎！」

我：「不不，先看看題目啦。要算的是滿足等式 $x+y+z=7$ 的 (x, y, z) 有幾組，所以還是在算有幾種可能啊。」

由梨：「由梨最不會算這種題目了，沒什麼耐心去算耶。」

我：「一起來算算看吧。$1+1+5=7$，所以 $(x, y, z)=(1, 1, 5)$，這樣就 1 組了吧。再來 $1+2+4=7$，所以 $(x, y, z)=(1, 2, 4)$，這樣就得到第 2 組了。」

由梨：「還有 $(1, 3, 3)$、$(1, 4, 2)$、$(1, 5, 1)$，這樣就有 5 組了吧。」

我們把滿足等式 $x+y+z=7$ 的 (x, y, z) 一一寫出來。

試列出滿足等式 x＋y＋z＝7 的 (x, y, z)

x	y	z	
1	1	5	1＋1＋5＝7
1	2	4	1＋2＋4＝7
1	3	3	1＋3＋3＝7
1	4	2	1＋4＋2＝7
1	5	1	1＋5＋1＝7
2	1	4	2＋1＋4＝7
2	2	3	2＋2＋3＝7
2	3	2	2＋3＋2＝7
2	4	1	2＋4＋1＝7
3	1	3	3＋1＋3＝7
3	2	2	3＋2＋2＝7
3	3	1	3＋3＋1＝7
4	1	2	4＋1＋2＝7
4	2	1	4＋2＋1＝7
5	1	1	5＋1＋1＝7

我：「完成囉。」

由梨：「啊——啊——，好多好煩啊！」

我：「沒那麼誇張吧。總之我們知道共有 15 組。」

解答 5（使等式成立的數值組合）

設 x, y, z 為 1 以上的整數（$1, 2, 3, \cdots$）

則使以下等式成立的數值組合 (x, y, z) 共有 15 組。

$$x + y + z = 7$$

由梨：「然後呢？再來要做什麼？」

我：「剛才我們將所有可能表列出來時，就像是將 7 這個數分配到 x, y, z 三個變數，並計算有幾種分配方式。」

由梨：「是這樣沒錯啦。」

我：「讓我們試著在分配的時候加入《隔板》吧。以 $1 + 1 + 5$ 為例，可以表示成下圖的樣子。」

x	y	z	
1	1	5	● | ● | ●●●●●
1	2	4	● | ●● | ●●●●
1	3	3	● | ●●● | ●●●
1	4	2	● | ●●●● | ●●
1	5	1	● | ●●●●● | ●
2	1	4	●● | ● | ●●●●
2	2	3	●● | ●● | ●●●
2	3	2	●● | ●●● | ●●
2	4	1	●● | ●●●● | ●
3	1	3	●●● | ● | ●●●
3	2	2	●●● | ●● | ●●
3	3	1	●●● | ●●● | ●
4	1	2	●●●● | ● | ●●
4	2	1	●●●● | ●● | ●
5	1	1	●●●●● | ● | ●

由梨：「哦——……所以？」

我：「在 7 個排在一起的 ● 之間，插入兩塊隔板（\|）。試問可插入隔板的地方有幾個呢？」

由梨：「因為有 7 個 ●，所以有 6 個間隔可插入隔板。

$$●1●2●3●4●5●6●$$

而隔板有 2 個……啊！」

我：「發現了嗎？」

由梨：「從 6 個間隔，選出 2 個插入隔板。這和從 6 個東西選出 2 個，組合數是一樣的意思嘛！」

我：「正是如此，這個組合數是多少，(x, y, z) 就有幾組。」

由梨：「嗯！$\binom{6}{2} = \frac{6 \times 5}{2 \times 1} = 15$，確實是 15 組！」

我：「所以說啦，這也是組合的問題。」

由梨：「這樣啊——很有意思耶——。但正常來說根本不會想到要《插入隔板》嘛——」

我：「只要知道 $1+1+5$ 這條算式會對應到 ●|●|●●●●●，自然就想得到這種算法囉。把它一般化之後可以寫成這個樣子。」

設 n, r 為整數，且 $n \geq r \geq 1$，則滿足下列方程式

$$x_1 + x_2 + x_3 + \cdots + x_r = n$$

且各項皆大於等於 1 的整數組 $(x_1, x_2, x_3, \cdots, x_r)$，共有

$$\binom{n-1}{r-1}$$

組。

我：「剛才我們看的就是 $n=7$、$r=3$ 的情形。」

由梨：「哈！」

我：「怎麼啦？」

由梨：「哥你又把算有幾種可能情形的過程寫成數學式了！真的是數學式魔人耶！」

我：「才不是魔人啦。」

「若不想像一般化狀況，則看不見夢幻情景」

第 2 章的問題

●問題 2-1（階乘）

請計算以下數值。

① 3!

② 8!

③ $\dfrac{100!}{98!}$

④ $\dfrac{(n+2)!}{n!}$　　　n 為大於等於 0 的整數

（答案在 p. 273 頁）

●問題 2-2（組合）

若想從 8 位學生中選出 5 位學生作為籃球隊的選手，有幾種選擇方式？

（答案在 p. 274 頁）

●問題 2-3（分組）

如下圖，有 6 個字母繞成一個圓圈。

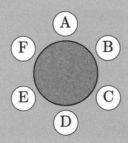

若想將這些字母分成 3 組，並限定相鄰字母才能在同一組，有幾種分組方式？下面是幾種分組的例子。

（答案在 p. 276 頁）

●問題 2-4（以組合詮釋）

下列等式的左邊表示「從 $n+1$ 人中選出 $r+1$ 人時的組合數」。若假設這 $n+1$ 人中有 1 人是《國王》，試以此解釋以下等式成立。

$$\binom{n+1}{r+1} = \binom{n}{r} + \binom{n}{r+1}$$

其中，n, r 皆為大於等於 0 的整數，且 $n \geqq r+1$。

（答案在 p. 277 頁）

附錄：階乘、排列、組合

階乘 $n!$

對所有大於等於 0 的整數 n，

$$n \times (n-1) \times \cdots \times 1$$

稱為 n 的階乘。其中，定義 0! 等於 1。

排列 $_nP_r$

所謂的排列，指的是從互不相同的 n 個物品中取出 r 個，照順序排成一列。排列數可由下式求得

$$\frac{n!}{(n-r)!} = n \times (n-1) \times \cdots \times (n-r+1)$$

當 $n=r$ 時，排列數與階乘 $n!$ 相等。日本國高中教學時，通常以 $_nP_r$ 表示排列數[*]。

組合 $\binom{n}{r}$, $_nC_r$

所謂的**組合**，指的是從互不相同的 n 個物品中，不必依序取出 r 個。組合數可由下式求得

$$\frac{n!}{r!\,(n-r)!}$$

可寫成 $\binom{n}{r}$。日本國高中數學，通常以 $_nC_r$ 表示組合數。

---

[*]譯註：台灣國高中數學通常不寫為 $_nP_r$ 及 $_nC_r$，而是 P_r^n 及 C_r^n（n 與 r 應上下對齊）。

第 3 章

凡氏圖的變化

3.1　我的房間

由梨：「哥——，有沒有什麼好玩的數學遊戲啊？」

　　今天由梨又跑來我的房間找我玩了。

我：「突然這麼說，要去哪裡生遊戲出來呢……」

由梨：「從前我們不是有一起玩過《魔術時鐘》嗎*？那個很好玩耶。」

我：「那個魔術時鐘不是由梨帶過來的嗎？」

由梨：「是沒錯啦，可是那也是因為哥哥詳細解說給我聽，我才會覺得好玩啊！」

我：「那就好啦。」

由梨：「先別管那個啦，遊戲！」

---

*參考『數學女孩秘密筆記／整數篇』。

我：「雖然不算遊戲，不過由梨啊。」

由梨：「怎麼了？」

我：「你說一遍『念珠排列』看看。」

由梨：「為什麼啊。」

我：「先別問那麼多，念珠排列，快點。」

由梨：「念珠……排列。」

我：「連續說 5 次看看。」

由梨：「念珠排列、念珠排列、獵豬排……排念、獵豬排列、豬排列念……啊——好難念啊！哥我討厭你！」

我：「抱歉抱歉。」

由梨：「不是這個啦，我說的是遊戲！」

我：「這樣啊，不過，如果把數字一個個排在一起，會發現一些有趣的事喔。」

由梨：「是嗎？」

我：「舉例來說，畫一個像這樣的時鐘。」

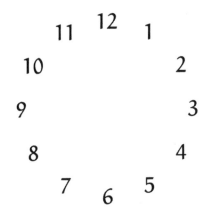

由梨:「沒有指針看起來不太像時鐘耶。」

我:「先把數字寫上去──然後⋯⋯」

由梨:「期待期待。」

我:「別在一旁看啦,由梨也幫忙想想看⋯⋯」

由梨:「可是我不曉得該想些什麼啊。」

我:「什麼都可以喔。嗯⋯⋯那,這樣你看如何,把這些數字
　　加上框框。」

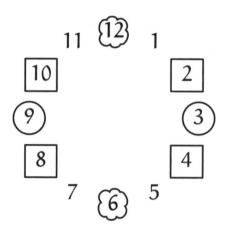

由梨：「哈哈，就是把位置互相對稱的數字加上同樣的框框嗎？」

我：「不是耶，我不是照這個規則加框的。」

由梨：「咦？那是照什麼規則？」

我：「只是讓同一個數的倍數用相同外框而已喔。」

由梨：「哦，原來如此。□是 2 的倍數、○是 3 的倍數、♡則是 6 的……咦，這樣不對耶，6 也是 2 的倍數，卻不是□！」

我：「你看得很仔細嘛。嚴格說來，也不是同一個數的倍數都用相同外框，而是照著以下規則作的。」

- □為 2 的倍數，但非 3 的倍數。
- ○為 3 的倍數，但非 2 的倍數。
- ♡為 6 的倍數。
- 其他皆不加上外框。

由梨:「天啊……太複雜了吧!」

我:「並不會。雖然聽起來有點複雜,重點只在於要區分出《2 的倍數》和《3 的倍數》而已。換一種說法的話,應該會更清楚一些吧。」

- □表示其《是 2 的倍數》且《非 3 的倍數》。
- ○表示其《非 2 的倍數》且《是 3 的倍數》。
- ⬭表示其《是 2 的倍數》且《是 3 的倍數》。
- 無外框表示其《非 2 的倍數》且《非 3 的倍數》。

由梨:「反而更複雜了啊!」

我:「沒有吧。」

由梨:「那個『且』是什麼意思啊?」

我:「像『A 且 B』就表示,『滿足 A,也滿足 B』的意思喔。」

由梨:「這樣啊……」

我:「舉例來說,

《是 2 的倍數》且《是 3 的倍數》,

就表示這個數

《是 2 的倍數,也是 3 的倍數》。
也就是說,這個數是 6 的倍數。」

由梨:「哦哦—」

我：「我們可將 1 以上、12 以下的整數分成這 4 類，不會遺漏，也不會重複。」

由梨：「嗯嗯……不過，我還是覺得太複雜了啊。」

我：「那我們改用凡氏圖來表示這 12 個數吧。」

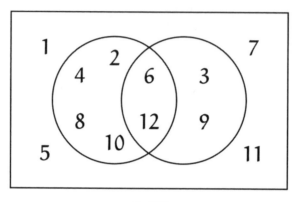

凡氏圖

由梨：「我以前看過這個。」

我：「要將許多東西分門別類，可畫凡氏圖來表示，每個東西之間的關係就變得比較清楚囉。這也是用來表示**集合間包含關係**的圖。」

由梨：「包含關係？」

我：「是的，某個集合可能包含了另一個集合的一部分，包含關係就是探討兩集合間包含程度的大小。」

由梨：「左邊圓圈內的是 2 的倍數吧？」

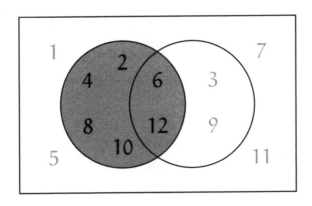

2 的倍數

我：「是啊，1 到 12 的整數中，2 的倍數都在左邊的圓內。共有 2, 4, 6, 8, 10, 12 等 6 個。」

由梨：「然後，右邊圓圈內就是 3 的倍數吧？」

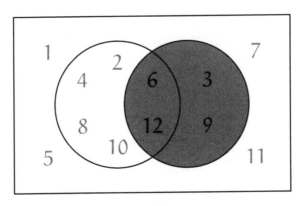

3 的倍數

我：「沒錯，1 到 12 的整數中，3 的倍數有 3, 6, 9, 12 共 4 個。」

由梨：「中間重疊的部分就是 6 的倍數！」

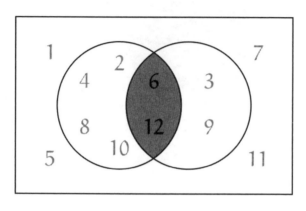

6 的倍數

我：「正是如此，這個重疊的部分又叫做兩個集合的交集喔。」

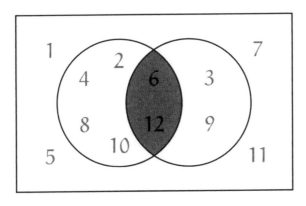

2 的倍數集合，和 3 的倍數集合，兩者的交集

由梨：「看起來好像核桃喔。」

我：「是沒錯啦，不過形狀並不是凡氏圖的重點。」

由梨：「嗯。」

我：「這個核桃……應該說《2 的倍數的集合》與《3 的倍數的集合》的交集，就是 1 到 12 的數中，《是 2 的倍數》且《是 3 的倍數》的集合。」

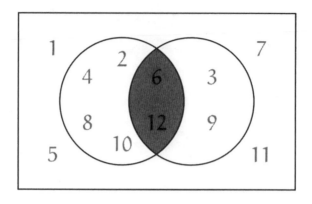

《是 2 的倍數》且《是 3 的倍數》的集合

由梨：「當然囉，這很明顯吧。」

我：「那你看看，這些是什麼數？」

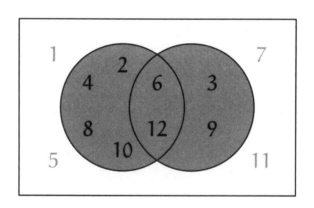

這些是什麼數？

由梨：「我想想，就是把 2 的倍數和 3 的倍數合在一起嗎？」

我:「是啊,這稱作兩個集合的**聯集**。」

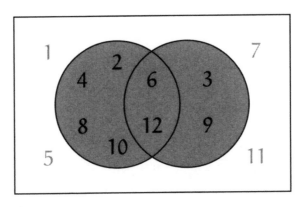

2 的倍數的集合,與 3 的倍數的集合的聯集

由梨:「簡單簡單啦!」

我:「這個聯集表示 1 到 12 的數中,《是 2 的倍數》或《是 3 的倍數》的集合。『A 或 B』指的就是『至少屬於 A 或 B 其中一個集合』的意思。因為有個《至少》,所以只要屬於 A 或 B 其中之一就可以了。」

由梨:「簡單來說就是屬於哪一邊的集合都行吧。」

我:「沒錯。」

交集

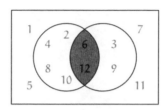

- 《2 的倍數的集合》與《3 的倍數的集合》的交集
- 《是 2 的倍數》且《是 3 的倍數》的集合

聯集

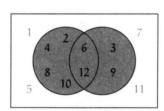

- 《2 的倍數的集合》與《3 的倍數的集合》的聯集
- 《是 2 的倍數》或《是 3 的倍數》的集合

由梨:「嗯嗯。」

我:「那在這裡出個問題吧。這又是什麼數的集合呢?」

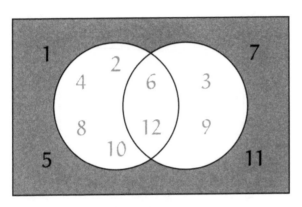

這是什麼數的集合?

由梨:「既不是 2 的倍數,也不是 3 的倍數的數。」

我:「沒錯。換句話說,就是
《非 2 的倍數》且《非 3 的倍數》的集合。」

由梨:「哦──原來如此。」

我:「把這兩個圖擺在一起看,會很有趣喔。」

圖 A.　《是 2 的倍數》或《是 3 的倍數》的數

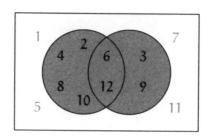

圖 B.　《非 2 的倍數》且《非 3 的倍數》的數

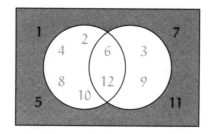

由梨:「啊!剛好反白!」

我:「是啊,圖 A 中有顏色的地方,在圖 B 都是空白;而圖 A 中空白的地方,在圖 B 中都有顏色。兩圖剛好相反。」

由梨:「對呀—」

我：「這種關係叫做**補集合**。圖 A 的補集合是圖 B、而圖 B 的補集合就是圖 A。」

由梨：「補集合？」

我：「當我們說某集合的補集合時，指的就是從**宇集**去除該集合的所有元素後所得到的集合。而這個例子中的宇集是 1 到 12 的整數。」

由梨：「這樣啊……」

我：「啊，我想到一個很有趣的**問題**囉。」

由梨：「什麼什麼？」

我：「我們可以作出各種凡氏圖，像是 2 的倍數、3 的倍數、交集、聯集、補集……」

由梨：「是啊。」

我：「到目前為止我們作出幾種圖樣了呢？」

由梨：「我看看……5 個嗎？」

我：「那你覺得總共可以做出幾種圖樣呢？」

問題 1（凡氏圖）
到目前為止我們作出了 5 種凡氏圖的圖樣。請問總共可做出幾種圖樣呢？

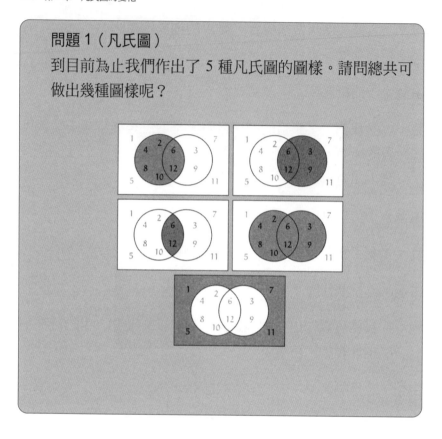

由梨：「大概會有 8 種左右吧？」

我：「喂喂，為什麼會這樣想呢？」

由梨：「感覺啦，應該會是偶數的樣子。」

我：「這也太隨便了吧……」

由梨：「好啊──我認真想想看，這樣行了吧？」

我：「這樣才聽話……」

由梨:「首先呢,由梨發現了一件事。」

我:「什麼事呢?」

由梨:「剛才啊,哥哥不是有提到**補集合**嗎?所以我想到,每個圖樣都有一個剛好反白的圖樣。」

我:「聰明!」

由梨:「先試試看《2 的倍數的集合》的補集合。」

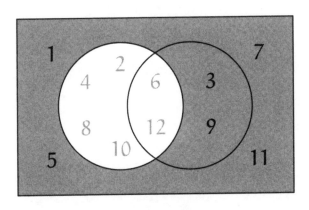

2 的倍數的補集合

我:「嗯,這就是奇數的集合囉。」

由梨:「再來也試試看《3 的倍數的集合》的補集合。」

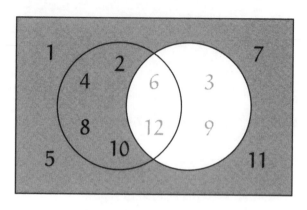

《3 的倍數的集合》的補集合

我：「不錯喔！這些就是無法被 3 整除的數。」

由梨：「接下來則是《6 的倍數的集合》的補集合。剛好是核桃形狀的反白！」

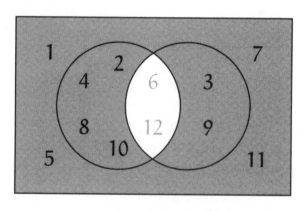

《6 的倍數的集合》的補集合

我：「這樣是 8 個。」

由梨：「你看！我不是說過了嗎？就是 8 個啊。」

我：「喂喂，到這裡就沒了嗎？」

由梨：「還有嗎？」

我：「你願意投降就告訴你答案……」

由梨：「等一下、等一下啦！我再想想看嘛。」

　　由梨認真地盯著圖，思考有沒有其他可能的圖樣。她栗色的頭髮透出了金色光芒。我則在旁靜靜等待她的回答。

我：「……」

由梨：「我知道了！還有月亮形狀的圖樣！」

我：「終於發現了嗎？那它包含了哪些數呢？」

由梨：「我想想看。是 2 的倍數但不是 6 的倍數的數。」

我：「也可以說它們《是 2 的倍數》且《非 3 的倍數》喔。」

由梨：「對耶。」

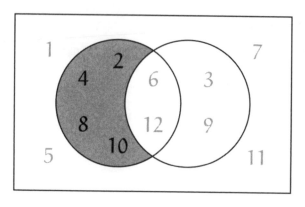

《是 2 的倍數》且《非 3 的倍數》的集合

我:「這樣就沒了嗎?」

由梨:「當然不只啦!還有這個集合的補集合!」

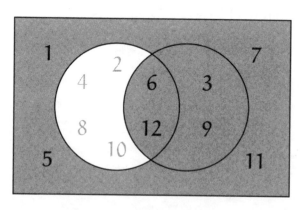

《是 2 的倍數》且《非 3 的倍數》的集合……的補集合

我：「它們就是《非 2 的倍數》且《是 3 的倍數》喔。」

由梨：「咦！是這樣嗎？非 2 的倍數……且……是 3 的倍數……
啊，原來如此。因為不包括 2 的倍數，所以要剔除掉 6 的
倍數！但 3 的倍數則要保留下來！是這樣吧。」

我：「沒錯沒錯，正確無誤。」

由梨：「這樣就 10 個囉，還有嗎？」

我：「這是要投降的意思嗎？」

由梨：「呃……啊！還有啦。你看，拿 3 的倍數做跟剛剛一樣
的處理就行啦，這次是右邊的月亮。所以還要再加 2 個，
合計 12 個！」

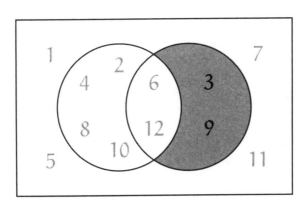

《非 2 的倍數》且《是 3 的倍數》的集合

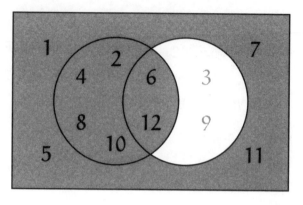

《非 2 的倍數》且《是 3 的倍數》的集合……的補集合

我：「虧你找得到耶。」

由梨：「呵呵，不只這些喔─！！」

我：「難道還有嗎？」

由梨：「應該……還有吧？」

我：「是這樣嗎？」

由梨：「……我知道了！！兩個月亮形狀一起用就是新圖樣了！」

我：「終於找到啦！……那換我出個問題，這個是由哪些數組成的集合呢？」

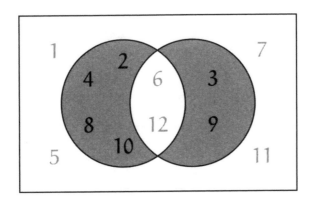

哪些數的集合？

由梨：「我想想，這個集合包括了《是 2 的倍數但不是 3 的倍數》以及《是 3 的倍數但不是 2 的倍數》的數是嗎？……好囉嗦啊一！」

我：「不過你答對囉。也就是
《是 2 的倍數》且《非 3 的倍數》
或
《非 2 的倍數》且《是 3 的倍數》。」

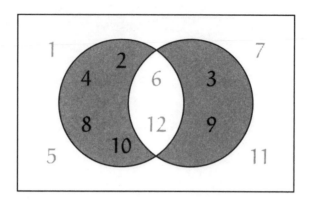

《是 2 的倍數》且《非 3 的倍數》
或
《非 2 的倍數》且《是 3 的倍數》。
……等數的集合

由梨：「目前為止共有 13 個，再加上剛剛得到的這個集合的補
集合，這樣就有 14 個了！」

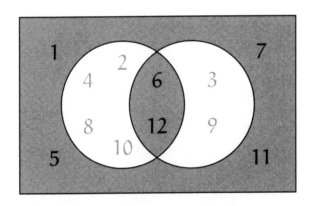

《是 2 的倍數》且《非 3 的倍數》

或

《非 2 的倍數》且《是 3 的倍數》。

等數的集合……的補集合

我：「這個集合用下面的說明表示應該會比較清楚。

《是 2 的倍數》且《是 3 的倍數》

或

《非 2 的倍數》且《非 3 的倍數》。」

由梨：「這樣啊……」

我：「這樣就沒了嗎？」

由梨：「咦！還有嗎？我已經找出 14 個了耶！」

我：「那麼就是要投降的意思囉？」

由梨：「等一下啦！你看我全都找出來啦，根本不用投降吧！
　　　結束了啦！全部就是 14 種圖樣！」

我：「可惜，還剩2種圖樣沒找出來喔。」

由梨：「咦、你騙人！已經沒了啦！不然你畫給我看看！」

我：「還有宇集沒算到。這是第15個。」

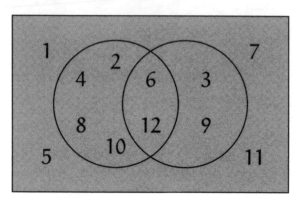

宇集

由梨：「哇！還有這種！」

我：「再加上宇集的補集合，就是第16個了。這又叫做空集合喔。」

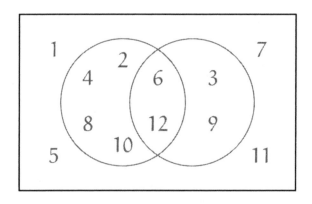

空集合

由梨:「《什麼都沒有》也可以算一種集合啊!」

我:「這樣就全算到了。總共有 16 種圖樣。」

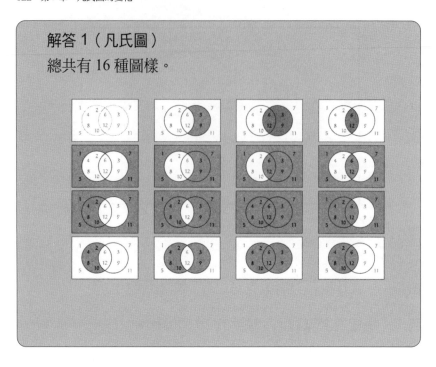

解答 1（凡氏圖）

總共有 16 種圖樣。

由梨：「好不甘心啊。」

我：「會嗎？我覺得由梨已經很厲害了啊。」

由梨：「這種《高高在上》的態度讓人更不甘心啦……等一下！會不會實際上圖樣的種類超過 16 種啊？」

我：「不會喔，這些就是全部了。」

由梨：「為什麼你那麼確定呢？說不定只是你還沒發現而已啊！」

我：「我就是那麼確定啊，由梨。把凡氏圖拆開成一個個圖塊就知道了，像做剪紙畫一樣把它們剪開吧。」

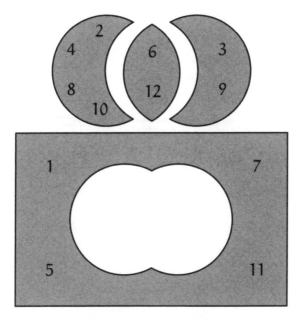

將凡氏圖拆成一個個圖塊

由梨：「這樣會有什麼幫助嗎？」

我：「現在我們得到了 4 個圖塊。」

> ◖◑ 左邊的月亮
> ◐◗ 右邊的月亮
> ◖◐ 核桃
> ◖◐ 外框

由梨：「嗯。」

我：「凡氏圖可呈現的圖樣中，不管是多複雜的圖樣，都是由這 4 個圖塊組成的。當我們《使用》或《不使用》任一圖塊時，會得到不同的圖樣。」

由梨:「什麼意思啊?」

我:「從這 4 個圖塊中選你喜歡的圖塊出來,被選出來的圖塊的聯集就是一種圖樣囉。舉例來說,

聯集就是

。」

由梨:「……」

我:「使用不同圖塊組合,就會得到不同的圖樣。

- 我們可選擇《使用》或《不使用》左邊的月亮 。
  在這 2 種選擇結果之下……
- 各自皆可再選擇《使用》或《不使用》右邊的月亮 。
  在這 4 種選擇結果之下……
- 各自皆可再選擇《使用》或《不使用》核桃狀圖塊 。
  在這 8 種選擇結果之下……
- 各自皆可再選擇《使用》或《不使用》外框圖塊 。
  故共有 16 種選擇結果。」

由梨:「原來如此!就是 $2 \times 2 \times 2 \times 2$ 嘛!」

我:「正是如此,由梨。因為有 4 個圖塊,所以要將 4 個 2 相乘,而計算結果就是 16。」

由梨：「所以會有 16 種圖樣，除此之外沒有其他可能！」

我：「沒錯！」

由梨：「這樣啊……雖然不甘心，但我接受。」

我：「這 16 種圖樣可以表示成下面這張表喔。」

由梨：「咦？為什麼不是從 1 算到 16，而是從 0 算到 15 呢？」

我：「你是說表中的數字嗎？如果把《使用》當作 1，《不使用》當作 0，就可以用 2 進位數表示選擇了哪些圖塊，而這些 2 進位數轉換成 10 進位數就是 0 到 15。」

	◖	◗	◖	◗	
0	不使用	不使用	不使用	不使用	◯◯
1	不使用	不使用	不使用	使用	
2	不使用	不使用	使用	不使用	
3	不使用	不使用	使用	使用	
4	不使用	使用	不使用	不使用	
5	不使用	使用	不使用	使用	
6	不使用	使用	使用	不使用	
7	使用	使用	使用	使用	
8	使用	不使用	不使用	不使用	
9	使用	不使用	不使用	使用	
10	使用	不使用	使用	不使用	
11	使用	不使用	使用	使用	
12	使用	使用	不使用	不使用	
13	使用	使用	不使用	使用	
14	使用	使用	使用	不使用	
15	使用	使用	使用	使用	

10 進位	2 進位	◐	◖	◑	◗	
0	0000	0	0	0	0	◐
1	0001	0	0	0	1	◗
2	0010	0	0	1	0	◑
3	0011	0	0	1	1	◑
4	0100	0	1	0	0	◖
5	0101	0	1	0	1	◖
6	0110	0	1	1	0	◐
7	0111	0	1	1	1	◐
8	1000	1	0	0	0	◐
9	1001	1	0	0	1	◐
10	1010	1	0	1	0	◐
11	1011	1	0	1	1	◐
12	1100	1	1	0	0	◑
13	1101	1	1	0	1	◑
14	1110	1	1	1	0	●
15	1111	1	1	1	1	●

由梨：「咦、咦……2 進位數居然會出現在這種地方！*」

我：「數學各個領域都是連在一起的喔。」

由梨：「你這是從米爾迦那現學現賣的吧！」

我：「才不是什麼現學現賣的啦。」

3.2　集合

由梨：「沒想到會突然出現 2 進位耶，太有趣了喵。」

---

*關於 2 進位，可參考『數學女孩的秘密筆記／整數篇』

我：「是啊，《集合》可是許多數學領域的基礎喔。」

由梨：「哪些領域啊？」

我：「像幾何學就是囉。數學中的幾何學是在研究直線啦、圓啦之類的圖形對吧。」

由梨：「還有三角形也是嗎？」

我：「沒錯。我們可將圖形視為許多聚集在一起的《點》，換句話說，《圖形是點的集合》。」

由梨：「哦哦，原來如此，然後呢？」

我：「所以，我們可以用研究集合的方式，來研究圖形的性質。」

由梨：「聽起來很不直覺耶。」

我：「是嗎？拿球面當做例子。先想像一顆球的表面，或者是肥皂泡泡的表面之類的。」

由梨：「球面？嗯，明白了。」

我：「假設我們把它切成許多平面，用大菜刀切下去。」

由梨：「啪！」

我：「哇！幹嘛突然那麼大聲啦。」

由梨：「因為如果拿刀把球切下去就會爆掉啊。」

我：「啊……是沒錯啦。不過球只是個比喻啊，或許以西瓜為例子比較好吧。總之，把球面切成平面，切出來的斷面就是圓。明白嗎？」

由梨：「明白啊。」

我：「而這個圓呢，就是《組成球面的點的集合》與《組成平面的點的集合》這 2 個集合的《交集》喔。」

由梨：「啊，交集！」

我：「是啊。《是組成球面的點》且《是組成平面的點》……符合這個條件的點組成了這個集合。」

由梨：「也不用說得那麼複雜吧……咦？」

我：「怎麼啦？」

由梨：「這樣的話有點奇怪喔。」

我：「？」

由梨：「哥哥剛才說，《組成球面的點的集合》與《組成平面的點的集合》的《交集》是圓，不過也有可能不是圓吧。該怎麼說呢，如果是……剛剛好碰到的話。」

我：「沒錯！由梨說的就是球面與平面相切的情形喔，由梨真的很聰明耶。球面與平面相切的時候，交集就會是只由一個點組成的集合囉。這個點就叫做切點。」

由梨：「我說的沒錯吧，所以交集有可能是圓，也有可能是一個點囉？」

我：「是啊。不過，一個點也可以視為《半徑為 0 的圓》……」

由梨：「哥哥你怎麼啦，臉很紅喔。」

我：「不，沒事啦。我是說，一個點也可以視為《半徑為 0 的圓》。」

由梨：「另外，還可能會揮棒落空。」

我：「揮棒落空是指？」

由梨：「就像是在切西瓜的時候，刀子揮空的情形。」

我：「是指這個啊，這時球面和平面的交集就是**空集合**囉。」

由梨：「啊，是喔，原來還有這種說法。」

我：「許多數學領域中的概念，都能像這樣用集合的方式表現喔。」

3.3 求數量

由梨：「對了，哥哥啊，剛才我們不是在數凡氏圖有幾種圖樣嗎？」

我：「是啊。」

由梨：「國小的時候也用過凡氏圖來計算。」

我：「計算什麼呢？」

由梨：「嗯，哪些人喜歡巧克力、哪些人喜歡餅乾的問題。像這樣。」

問題 2（巧克力與餅乾）

詢問教室中 30 位學生是否喜歡巧克力及餅乾。對於巧克力及餅乾，所有學生皆需回答喜歡或討厭。其結果如下

• 喜歡巧克力的有 21 人。
• 喜歡餅乾的有 14 人。
• 兩者都不喜歡的有 5 人。
　（居然會有人兩者都不喜歡，難以置信！）

請問巧克力和餅乾兩者皆喜歡的人有幾名？

我：「原來如此、原來如此……」

由梨：「呃，這個例子是我隨便想的，哥哥你算得出來嗎？」

我：「算得出來啊，畫圖會比較好懂喔……《教室內學生》的集合，與《喜歡巧克力的學生》的集合，與《喜歡餅乾的學生》的集合等，畫成凡氏圖就像這樣。」

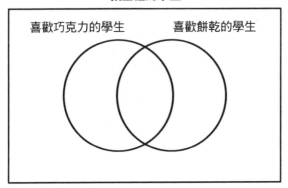

教室裡的學生

喜歡巧克力的學生　　喜歡餅乾的學生

畫成凡氏圖

由梨：「哦哦。」

我：「這是題目告訴我們的條件。」

(a) 教室中有 30 位學生

(b) 有 21 位學生喜歡巧克力

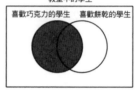

(c) 有 14 位學生喜歡餅乾

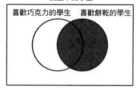

(d) 有 5 位學生兩個都不喜歡

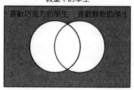

由梨：「是啊。」

我：「若將喜歡巧克力的學生（21 位）、喜歡餅乾的學生（14 位）、兩個都不喜歡的學生（5 位）都加起來，21＋14＋5 ＝40，會得到 40 位學生。但教室內只有 30 位學生，多了 10 位。至於為什麼會多出來……」

由梨：「因為重複算到兩個都喜歡的人！」

我：「沒錯沒錯。多出來的這 10 人，就是兩種都喜歡的人喔。」

解答 2（巧克力與餅乾）
巧克力和餅乾兩者皆喜歡的人有 10 位。

由梨：「由梨唸國小的時候，非常不能接受這種題目。」

我：「哪種題目？」

由梨：「我是說，當老師提到『喜歡巧克力的人』的時候，如果能順便說明『喜歡巧克力的人也可能會喜歡餅乾』會比較好。」

我：「原來如此。」

由梨：「因為我那時把『喜歡巧克力的人』，誤會成『只喜歡巧克力的人』了。」

我：「口頭上的說明，的確很容易產生誤會啊。」

由梨：「雖然老師教得很仔細，但總有種被騙了的感覺。明明是很厲害的老師，卻讓我覺得失望。」

我：「那──還真是抱歉啊，由梨。」

由梨：「為什麼哥哥要道歉啊？」

我：「嗯，不知不覺想道歉。」

由梨：「……呃，好啦先不管那個！總而言之，這種集合的問題，只要用凡氏圖來解就不會錯了吧！」

我：「是啊……啊，原來如此！」

由梨：「怎麼了？」

我：「沒什麼啦，由梨說得對，非常正確。當我們想要求得某個集合內有多少個元素，畫出凡氏圖來對照是很正確的方法喔。」

由梨：「咦，我們剛才不就是在討論這件事嗎？」

我：「哥哥我在想的是，該怎麼把它寫成數學式。」

由梨：「？」

3.4　寫成數學式

我：「也就是說呢，我想把全體人數、喜歡巧克力的人數、喜歡餅乾的人數、兩種都喜歡的人數、兩種都討厭的人數……這些數字，用一般化的數學式寫出來。」

由梨：「聽不懂你在說什麼。」

我：「就是像這樣的數學式。」

$$《全體人數》+《兩種都喜歡的人數》$$
$$=《喜歡巧克力的人數》+《喜歡餅乾的人數》+$$
$$《兩種都討厭的人數》$$

由梨：「什麼？」

我：「啊，或者寫成這樣看起來比較自然吧。」

$$《全體人數》-《兩種都討厭的人數》$$
$$=《喜歡巧克力的人數》+《喜歡餅乾的人數》-$$
$$《兩種都喜歡的人數》$$

由梨：「全體減掉兩種都討厭的人數……也太麻煩了吧。」

我：「不不不，再仔細看一遍啦。」

由梨：「好啦好啦。全體人數減掉兩種都討厭的人數……哦，原來如此，就是《巧克力和餅乾中至少喜歡一種的人》嗎？」

我：「是啊。」

由梨：「這會等於喜歡巧克力的人，和喜歡餅乾的人相加，再減掉兩種都喜歡的人……這不是廢話嗎！」

我：「是啊，很簡單吧。」

由梨：「這就像以前學的，把兩個圓形加起來，再減去中間的重疊部分。是嗎？」

我：「沒錯沒錯，理解得很快喔。」

《巧克力和餅乾中至少喜歡一種的人數》
＝《喜歡巧克力的人數》＋《喜歡餅乾的人數》－
《兩種都喜歡的人數》

由梨：「簡單簡單啦……哥哥你真的很喜歡數學式耶。」

我：「寫成數學式，會有《確實了解》的感覺，這樣比較安心啊。」

由梨：「呵呵。」

3.5　文字與符號

我：「不過呢，上面的數學式還是用了許多文字，式子變得又臭又長。要是只用符號來表示，就能變短很多囉。」

由梨：「是喔，譬如說勒？」

我：「假設《喜歡巧克力的人》為集合 A，《喜歡餅乾的人》為集合 B。這就是用符號來表示的例子。」

由梨：「啊哈哈，這樣的確變短很多耶。只剩一個字母而已。」

我：「接著，把屬於 A 也屬於 B 的元素……也就是《A 與 B 的交集》，寫成 $A \cap B$。」

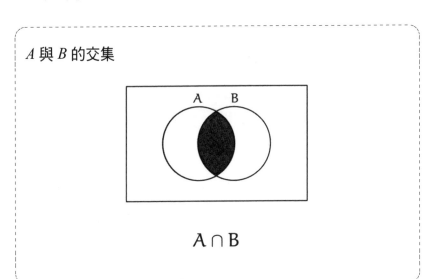

A 與 B 的交集

$$A \cap B$$

由梨：「啊，我好像有看過這個符號。哥哥以前是不是有教過我啊？」

我：「應該有吧。」

由梨：「這個符號感覺很容易混淆耶。」

我：「一般會把《A 與 B 的交集》寫成 $A \cap B$，而《A 與 B 的聯集》則寫成 $A \cup B$。」

A 與 B 的聯集

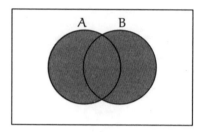

$$A \cup B$$

由梨:「你看,又是∩又是∪的,超容易混淆的啊。」

我:「是嗎?你看,∪是表示聯集的符號,長得像杯子一樣,就像是要把 A 和 B 一起舀起來一樣。這樣比較好記吧。」

由梨:「把 A 和 B 一起用杯子舀起來啊……嗯。」

我:「多寫幾次就能記住囉。」

由梨:「是這樣嗎?」

我:「是這樣啊。另外還有補集合,集合 A 的補集合寫成 $\overline{A}$。」

A 的補集合

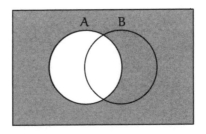

$$\overline{A}$$

由梨：「哦──」

我：「所謂 *A* 的補集合，指的是宇集減去所有 *A* 的元素，剩餘元素的集合。這張圖中，宇集是長方形圍住的空間，所以將表示 *A* 集合的部分拿掉，就是 *A* 的補集合了。」

由梨：「了解。」

我：「元素個數也可以用數學式表示喔。集合 *A* 的元素個數可以寫成 $|A|$。」

集合 A 的元素個數

$$|A|$$

由梨：「A 的元素個數……是指喜歡巧克力的人數嗎？」

我：「沒錯。若 A 是《喜歡巧克力的人的集合》，則 $|A|$ 便表示《喜歡巧克力的人數》。A 是集合，那麼 $|A|$ 就是集合內元素的個數。」

由梨：「好麻煩啊。」

我：「剛開始學的時候的確會有這種感覺啦。不過等到熟悉這些規則，後面的推導就輕鬆多了。簡化許多複雜的敘述，會變得一點也不麻煩囉。」

由梨：「這樣啊──」

我：「像是《A 與 B 的聯集》內含元素個數，可寫成 $|A \cup B|$。」

$$|A \cup B| \quad \text{《A 與 B 的聯集》內含元素個數}$$

由梨：「啊，這樣很方便耶。」

我：「所以剛才提到的《巧克力和餅乾中至少喜歡一種的人數》，就能寫成這樣。這個關係式稱為排容原理。」

集合的元素個數的關係式（排容原理）

$$|A \cup B| = |A| + |B| - |A \cap B|$$

由梨：「呵呵，原來如此。把兩個集合相加，然後再減去重疊的部分……了解！」

我：「由梨，你看。」

由梨：「怎麼了？」

我：「文字落落長的敘述，不如用數學式來寫，是不是減短許多呢？」

由梨：「嗯……是簡短許多沒錯啦，不過很難懂耶——」

我：「那是因為你還沒習慣這些符號啦。那題目來囉，以下敘述何者正確？」

問題 3（集合的元素數）

請選出正確的敘述。以下所有集合的元素數皆為有限個。

(1) 對於任意集合 A，

$$|A| \geqq 0$$

皆成立。

(2) 對於任意集合 A 與 B，

$$|A \cap B| \leqq |A|$$

皆成立。

(3) 對於任意集合 A 與 B，

$$|A \cup B| \geqq |A|$$

皆成立。

(4) 對於任意集合 A 與 B，

$$|A \cup B| \leqq |A| + |B|$$

皆成立。

由梨：「……」

　　在我寫下題目時，由梨頓時認真起來，腦袋進入全速運轉的狀態。抿著嘴巴、表情認真，栗色的頭髮散發出金色光芒，和平常喜歡打打鬧鬧的由梨有些不同。我則是靜靜待在一旁，等待她切換回原來的模式。

我：「……」

由梨：「……我說哥哥啊。」

我：「如何？」

由梨：「該不會……從 (1) 到 (4) 這四個敘述都正確吧？」

我：「沒錯，正確答案。這些敘述都是正確的喔。」

由梨：「果然！」

解答 3（集合的元素個數）

從 (1) 到 (4) 這四個敘述皆正確。

(1) 對於任意集合 A，

$$|A| \geqq 0$$

皆成立。

(2) 對於任意集合 A 與 B，

$$|A \cap B| \leqq |A|$$

皆成立。

(3) 對於任意集合 A 與 B，

$$|A \cup B| \geqq |A|$$

皆成立。

(4) 對於任意集合 A 與 B，

$$|A \cup B| \leqq |A| + |B|$$

皆成立。

我：「如何？習慣這些符號了吧。」

由梨：「完全沒問題！」

我：「學得真快呢。」

由梨：「是說，其實我是用凡氏圖來想這個問題。」

我：「啊，這樣也可以。」

由梨：「這個問題的敘述 (1) 是廢話吧。因為個數一定大於或等於 0 啊。」

$$|A| \geqq 0$$

我：「是啊。」

由梨：「敘述 (2) 也是廢話，因為交集一定比兩個原來的集合都少啊。」

$$|A \cap B| \leqq |A|$$

我：「沒錯沒錯。$|A \cap B|$ 指的是屬於 A，而且也屬於 B 的元素個數，所以一定會比 $|A|$ 還要少。」

由梨：「敘述 (3) 也很顯而易見啊。因為聯集是把兩個集合合在一起嘛。」

$$|A \cup B| \geqq |A|$$

我：「是啊，$|A \cup B|$ 指的是至少屬於 A 或 B 其中一個集合的元素，所以最少會有 $|A|$ 個。換句話說 $|A \cup B|$ 一定大於等於 $|A|$。」

由梨：「敘述 (4) 也很理所當然。因為……因為就是很理所當然嘛。」

$$|A \cup B| \leqq |A| + |B|$$

我：「從剛才的等式 $|A \cup B| = |A| + |B| - |A \cap B|$，可知敘述 (4) 是對的囉。等式右邊本來有減一個大於等於 0 的數 $|A \cap B|$，拿掉後等式右邊會變大或維持相等。」

由梨：「結果全部都是廢話嘛！」

我：「是啊。習慣符號的使用之後，一看到 $|A \cap B|$ 就能馬上想到《巧克力和餅乾兩者皆喜歡的人數》。到這種程度以後，遇到看起來很複雜的算式，也能立刻看穿。」

由梨：「嗯嗯。」

我：「這樣就不怕碰上很難的數學式了吧。」

由梨：「由梨才不會怕勒！只是、有的時候、偶爾、稍微覺得麻煩而已啦。」

我：「好好好，就當作是這樣吧。」

由梨：「嗯，是說，這些敘述太簡單了，總覺得不過癮啊喵。這樣根本稱不上是問題吧。」

我：「很有自信嘛，那……這個問題如何？」

問題 4（排容原理）

對於任意兩個集合 A 與 B，以下等式成立，稱為《排容原理》。

$$|A \cup B| = |A| + |B| - |A \cap B|$$

請將其推廣到 A、B、C 三個集合。

由梨：「咦……什麼意思啊？推廣？」

我：「就是要你思考，當我們有 A、B、C 三個集合，要怎樣計算 $|A \cup B \cup C|$ 的意思。」

由梨：「是這個意思嗎……咦、那不是會變得很複雜嗎！」

我：「咦，會嗎。我覺得這個問題，對剛才說『太簡單了不過癮啊』的由梨來說，應該很適合啊。」

由梨：「嗚……知道了啦，我想想看嘛。」

於是由梨再次進入了沉思……

我：「……知道了嗎？」

由梨：「大概吧。」

我：「有想到什麼答案呢？」

由梨：「可能會錯喔。」

我：「沒關係沒關係，說說看吧。」

由梨：「我想到的是列成這樣的式子。」

由梨的解答

$$|A \cup B \cup C| = |A| + |B| + |C|$$
$$- |A \cap B| - |A \cap C| - |B \cap C|$$
$$+ |A \cap B \cap C|$$

我：「你是怎麼想到這個式子的呢？」

由梨：「這個嘛，還是用凡氏圖去想的喔。$|A \cup B \cup C|$ 就是那個看起來像迪士尼米奇的圖案，所包含的元素個數，不是嗎？」

$|A \cup B \cup C|$ 為 $A \cup B \cup C$ 內所包含的元素個數

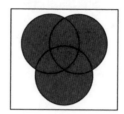

我：「米奇啊……」

由梨：「所以只要解這個圖案就行了。首先把 A、B、C 都加起來，得到 $|A| + |B| + |C|$。」

$|A| + |B| + |C|$ 為集合 A、B、C 所含元素數的和

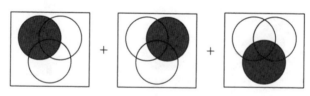

我：「嗯嗯。」

由梨：「可是這樣就加太多了，因為有些地方加了不只一次，也就是重疊的部分。所以要把 3 個地方減掉……也就是要減去$|A \cap B|$、$|A \cap C|$、$|B \cap C|$ 三個的總和。」

$|A \cap B| + |A \cap C| + |B \cap C|$ 為集合 $A \cap B$、$A \cap C$、$B \cap C$ 所含元素個數的加總

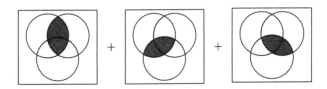

我：「很好。」

由梨：「但減去這些部分後又減太多了，全部減掉，凡氏圖 3 個重疊的三角形部分會被消掉。若將 3 個圓形重疊的部分減去 3 個重疊的部分，則中間三角形的部分會被抵消掉，什麼都沒剩。為了把這個加回來……所以要加回 $|A \cap B \cap C|$。」

$|A \cap B \cap C|$ 為集合 $A \cap B \cap C$ 所包含的元素個數

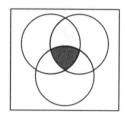

我：「厲害！完全正確喔！由梨。」

由梨：「咦，我答對了嗎？」

我：「答對囉，由梨的解說很詳細，非常完美。」

解答 4（排容原理）

對於任意三個集合 A、B、C，以下等式成立，為《排容原理》的推廣。

$$|A \cup B \cup C| = |A| + |B| + |C|$$
$$- |A \cap B| - |A \cap C| - |B \cap C|$$
$$+ |A \cap B \cap C|$$

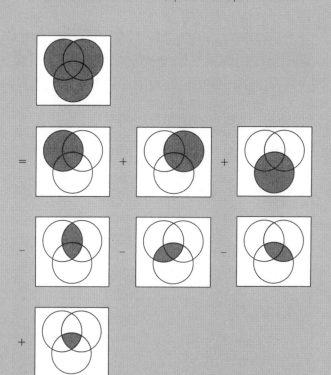

由梨：「好漂亮的結果！哥哥，由梨啊，最喜歡凡氏圖囉！」

我：「算式中減去重疊的部分，也可以寫成**循環排序**喔。」

$$\cdots - |A \cap B| - |A \cap C| - |B \cap C| \cdots \qquad 由梨的答案$$
$$\downarrow$$
$$\cdots - |A \cap B| - |B \cap C| - |C \cap A| \cdots \qquad 循環排序$$

由梨：「什麼意思啊？」

我：「循環排序指的就是像 $A \to B, B \to C, C \to A$ 這樣，依序排列，再回到第一個項目的規則。這種寫法很常見喔。」

由梨：「不過，由梨寫的也不算錯吧。」

我：「當然。」

由梨：「由梨寫的方式也是有規則的啊。你看⋯⋯

$$\cdots - |A \cap B| - |A \cap C| - |B \cap C| \cdots$$

就是從 $|A \cap B \cap C|$ 中，依序拿掉 C、B、A 嘛。」

我：「原來如此！」

「你與我有何相異點？」

第 3 章的問題

●問題 3-1（凡氏圖）

以下圖中兩個集合 A, B 為例，

請以凡氏圖來表示下列集合式所表示的集合。

① $\overline{A} \cap B$

② $A \cup \overline{B}$

③ $\overline{A} \cap \overline{B}$

④ $\overline{A \cup B}$

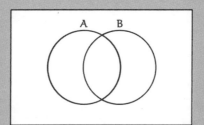

（答案在 p. 279 頁）

●問題 3-2（交集）

設宇集 U 與 A, B 集合之定義如以下各子題描述，則各子題的交集 $A \cap B$ 分別表示哪些數的集合？

①

$U = $《大於等於 0 的所有整數之集合》
$A = $《所有 3 的倍數之集合》
$B = $《所有 5 的倍數之集合》

②

$U = $《大於等於 0 的所有整數之集合》
$A = $《所有 30 的因數之集合》
$B = $《所有 12 的因數的集合》

③

$U = $《由實數 x, y 組成的所有數對 (x, y) 之集合》
$A = $《滿足 $x + y = 5$ 的所有數對 (x, y) 之集合》
$B = $《滿足 $2x + 4y = 16$ 的所有數對 (x, y) 之集合》

④

$U = $《大於等於 0 的所有整數之集合》
$A = $《所有奇數的集合》
$B = $《所有偶數的集合》

（答案在 p. 282 頁）

●問題 3-3（聯集）

設宇集 U 與 A, B 集合之定義如以下各子題描述，則各子題的聯集 $A \cup B$ 分別表示哪些數的集合？

①

　　$U =$《大於等於 0 的所有整數之集合》
　　$A =$《所有除以 3 餘 1 的數之集合》
　　$B =$《所有除以 3 餘 2 的數之集合》

②

　　$U =$《所有實數的集合》
　　$A =$《滿足 $x^2 < 4$ 的所有實數 x 之集合》
　　$B =$《滿足 $x \geq 0$ 的所有實數 x 之集合》

③

　　$U =$《大於等於 0 的所有整數之集合》
　　$A =$《所有奇數的集合》
　　$B =$《所有偶數的集合》

（答案在 p. 286 頁）

第 4 章

你會牽起誰的手？

「若我牽著你的手，那麼你也會牽著我的手」

4.1　在頂樓

蒂蒂：「學長！原來你在這裡啊！」

我：「哦，是蒂蒂啊（咦？）」

蒂蒂：「可以和你一起吃午飯嗎？」

　　這裡是我就讀的高中，現在是午休時間。我在頂樓啃著麵包時，蒂蒂跑來和我打聲招呼，並坐在我身旁。

我：「是說——蒂蒂是在找我嗎？（以前好像也發生過一樣的事啊）。」

蒂蒂：「呃、應該說……一時興起，想來頂樓看看。」
　　（一時興起，想來頂樓啊……）我邊啃著麵包邊想。

我：「上次我們也在頂樓聊過對吧。」

蒂蒂：「咦、啊，是的，是啊。」

我：「雖然我們好像一直在聊數學的樣子。」

蒂蒂：「因為數學很好玩啊！環狀排列和念珠排列問題和解法，讓我學到很多。後來我又聯想到一些東西，學長可以聽聽看我的想法嗎？」

我：「當然可以囉。」

4.2　再回到中華餐館問題

蒂蒂：「之前我們討論環狀排列的時候，是從《中華餐館問題》開始的。」

我：「啊，那個叫做……什麼 Susan？」

蒂蒂：「是的，是有"Lazy Susan"的圓桌。因為不方便和距離較遠的人講話，所以要換位子，因此我們想計算座位的排列方式有幾種可能。」

我：「嗯，是這樣沒錯。」

蒂蒂：「不過我又想到一個有點不一樣的問題。因為入座之後又換座位有點沒禮貌，所以假設入座之後不可改變座位。」

我：「嗯。」

蒂蒂：「於是我就在想，如果每個人《一定要和任一人握手》，共有幾種配對的方式呢？」

我：「和任一人握手——每個人都要嗎？」

蒂蒂：「是的。不能沒握到誰，也不能3個人以上握在一起。」

蒂蒂拿出筆記開始解說。

●問題 1（6 人的握手問題）
6 人排成環狀，若每個人都要和自己以外的任一人握手，
那麼《握手配對》一共有幾種配對方式？

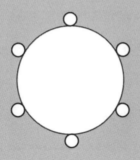

我：「原來如此。」

蒂蒂：「啊！學長！先不要告訴我這題的解法喔！」

我：「不，其實我也還不知道該怎麼解。蒂蒂已經知道答案了
　　嗎？」

蒂蒂：「是的。至少我解出了 6 人的握手問題……話說，學長，
　　可以聽聽看我是怎麼解這題的嗎？」

我：「那就請蒂蒂當老師來教我囉！」

蒂蒂：「咦……好、好的！」

4.3 蒂蒂的思路

我：「那就開始吧，蒂蒂老師。」

蒂蒂：「別那樣叫我啦……首先先為這6人命名，分別是A, B, C, D, E, F。」

我：「很好，《命名》很重要。」

蒂蒂：「是的，命完名之後，假設 A 和 B 握手、C 和 D、E 和 F 分別配對握手，這就是《握手配對》①。這裡的黑線表示兩人互相握手。」

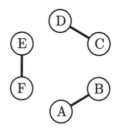

6人的《握手配對》①

我：「等一下，為什麼要從最下面開始命名 A, B, C, D, E, F 呢？」

蒂蒂：「我原本是從最上面開始依順時鐘命名為 A, B, C, ……

的，但當我想讓 A《與右邊的人握手》，會搞不清楚哪邊是右邊，所以就改成讓 A 在最下面。」

我：「啊，原來是這樣，我倒沒想到這點。」

蒂蒂：「接著，假設 A 和左邊的 F 握手，而 E 則與 D、C 與 B 分別配對握手，就得到《握手配對》②。」

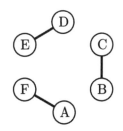

6 人的《握手配對》②

我：「就是剛才的反轉對吧。」

蒂蒂：「是的。除此之外，A 還可以和正對面的 D 握手。而剩下的人分別配對，便能得到《握手配對》③。」

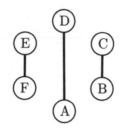

6 人的《握手配對》③

我：「原來如此，蒂蒂是以《A 與誰握手》為判斷標準，分類不同情形對吧。」

蒂蒂：「是的！就是這樣。還有啊，雖然有點廢話，就是不能讓 A 和 C 握手。因為這樣一來，B 就沒辦法和其他人握手了。」

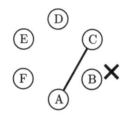

B 無法和其他人握手

我：「沒辦法和其他人……哦，因為不能交錯握手是嗎？」

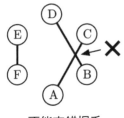

不能交錯握手

蒂蒂:「是的,我是這麼想的。」

我:「這樣的話,在蒂蒂提出的握手問題中,補足這些條件進去會比較好喔。也就是不能交錯握手這個條件。」

問題 1(6 人的握手問題)〔補足條件〕

6 人排成環狀,若每個人都要和自己以外的任一人握手,且不得交錯握手,那麼《握手配對》一共有幾種配對方式?

蒂蒂:「這樣的確比較好呢。人家在思考的時候已經預設這個條件了,但如果題目只說要《握手配對》,看的人的確會不知道到底有沒有這個限制。」

我:「是啊。」

蒂蒂:「總而言之,經由這樣的思路,我找出了全部共 5 種《握手配對》,就是這些。」

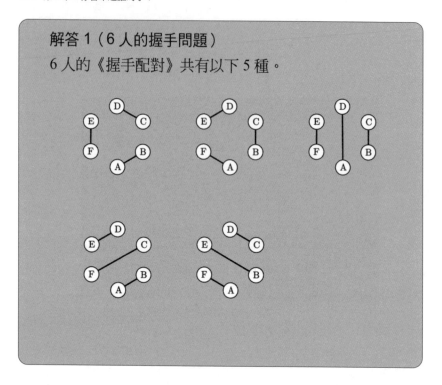

解答1（6人的握手問題）
6人的《握手配對》共有以下5種。

我：「原來如此——確實是這樣沒錯。」

蒂蒂：「嗯⋯⋯然後呢，我想試著思考 n 人的情形。」

我：「《利用變數將其一般化》對吧。從6推廣到 n！」

蒂蒂：「沒錯！」

我：「⋯⋯不過在一般化之前，我對於剛才蒂蒂列出來的5種配對有些疑問。蒂蒂是依 A 的握手對象分成數種不同情形，是吧？」

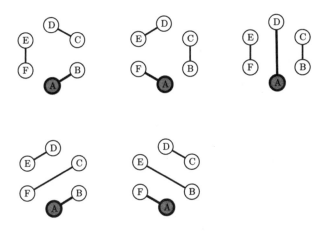

依 A 的握手對象分成數種不同情形

蒂蒂：「是的，正是如此。」

我　：「也就是說，《握手配對》會依 A 握手的對象，分成《右》、《前》、《左》對吧。」

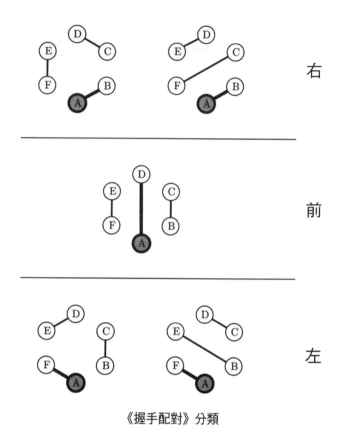

右

前

左

《握手配對》分類

蒂蒂：「正是如此。人家的腦中是這麼想的沒錯，但沒辦法說
　　　清楚……」

我：「不會啦。當然，蒂蒂的答案是正確的。不過，重要的不
　　只是得到結果，《回顧結果》也很重要。既然都《沒有遺
　　漏、沒有重複》經過分類，必需說明清楚。」

蒂蒂:「我知道了!總之,我試著假設人數為 n,提出這樣的問題。」

問題 2(n 人的握手問題)

n 人排成環狀,若每個人都要和自己以外的任一人握手,且不得交錯握手,那麼《握手配對》一共有幾種配對方式?

我:「這樣啊……對了,蒂蒂。這個一般化的過程很完美,不過在《利用變數將其一般化》時,有些地方要注意喔。」

蒂蒂:「注意什麼地方呢?」

我:「要清楚定義變數的條件。像這個例子中出現的 n 必須是偶數才能解吧。」

蒂蒂:「啊!真的耶。要是人數是奇數,一定會有沒配對到的人,所以有必要設置變數的條件。很抱歉我是《忘記條件的蒂蒂》,太失敗了。」

我:「不不不,講失敗也扯太遠了啦。如果 n 是奇數,《握手配對》的配對方式只會是 0 種。所以我才覺得,蒂蒂在想這個問題的時候,是否已經假設 n 是偶數了呢?讓我有些在意。」

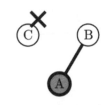

人數為奇數，無法配對

蒂蒂：「就像學長說的一樣，我一開始就假設 n 是偶數了。」

我：「那也可以一開始就假設是 2n人 的握手問題吧。」

蒂蒂：「原來如此！既然是 $2n$ 人，表示人數一定是偶數囉。」

> 問題 2（2n 人的握手問題）〔明確定義變數範圍〕
> 2n 人排成環狀（ $n = 1, 2, 3, \cdots$ ），若每個人都要和自己
> 以外的任一人握手，且不得交錯握手，那麼《握手配對》
> 一共有幾種配對方式？

蒂蒂：「要確定題目不會讓人誤解還真不是件簡單的事呢……
　　　 嗯，總之我又試著想了 2 個人的情形。」

我：「很好，是要《試帶入小數字》對吧。」

蒂蒂：「沒錯！」

我：「我認為蒂蒂思考的步驟很正確喔。」

- 《命名》
- 《利用變數將其一般化》
- 《回顧結果》
- 《沒有遺漏、沒有重複》
- 《試帶入小數字》

蒂蒂：「不過這些全都是學長和米爾迦學姊教我的耶。」

我：「不不，我覺得這樣就很厲害囉。」

蒂蒂：「謝、謝謝學長。一直以來受學長照顧了。」

　　蒂蒂輕輕的頷了首。

我：「那就試著從 2 人握手開始吧。」

蒂蒂：「如、如果學長不嫌棄的話！」

　　蒂蒂突然紅了臉，直直伸出了她的右手。

我：「咦？」

蒂蒂：「咦？」

我：「不是啦，我的意思不是要我們兩人握手，而是一起來想想看《2 人的握手問題》啦──」

蒂蒂：「咦？啊，是我誤會了嗎？！真的很不好意思！」

　　蒂蒂急忙用雙手遮住紅到耳根的臉。

我：「但真要說的話，我在和蒂蒂談數學的時候也學到很多喔。
　　所以我也受了蒂蒂不少照顧。」

　　最後我們兩人伸手相握，得到 1 種《握手配對》。

4.4　試帶入小數字

蒂蒂：「……所、所以，2 人的時候，《握手配對》確、確實
　　　只有 1 種。」

我：「題目要我們考慮《2n 人》的情形。而目前我們知道《n = 1
　　時有 1 種配對》，是這樣吧。」

蒂蒂：「是這樣沒錯。」

$n=1$ 有 1 種配對

我：「而 $n=2$ 的時候──」

蒂蒂：「$2n=4$ 的時候，有 2 種《握手配對》。要是和對面的人
　　　握手，會變成交錯握手，不能算進去。」

$n=2$ 有 2 種配對

我：「$n=3$ 的情形，我們剛才討論過了吧。」

蒂蒂：「是啊，6 人則有 5 種《握手配對》。」

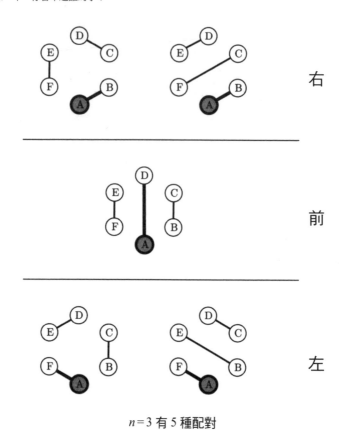

右

前

左

$n=3$ 有 5 種配對

我：「所以蒂蒂《試帶入小數字》之後，得到了這些結果是嗎。
當 $n=1, 2, 3$ 時，分別有 $1, 2, 5$ 種《握手配對》。」

蒂蒂：「是啊。數字小的時候還算輕鬆，但算到 8 人的時候變
得很複雜。我還在想該怎麼做，試著畫出一些配對⋯⋯」

我：「8 人，也就是 $n=4$ 的情形吧。」

蒂蒂：「用剛才的方法，依 A 和誰握手，把可能的情形依序列
　　　出來。」

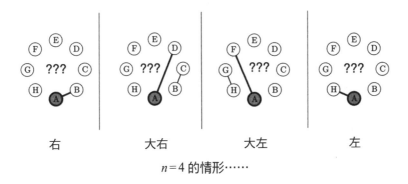

$n=4$ 的情形……

我：「也就是要為不同情形分類吧。」

蒂蒂：「是的，這張圖中可分為——

- A 與 B 握手的情形（右）
- A 與 D 握手的情形（大右）
- A 與 F 握手的情形（大左）
- A 與 H 握手的情形（左）

等 4 種情形。雖然《大右》之類的說法有點奇怪……。《大
右》時，B 和 C 一定會配成一對，所以我先把圖中的 B 和
C 連起來。《大左》也是類似的情況。而 8 人時沒辦法和
正對面的人握手，要是這麼做，就一定會出現交錯握手的
情形。」

我：「原來如此。這確實是一種《沒有遺漏、沒有重複》的分
　　類——咦？」

蒂蒂：「怎麼了？有寫錯的地方嗎？」

我：「不，說不定我已經找到解題線索了。」

蒂蒂：「？」

我：「以《右》這種情形為例，A 與 B 配成一對，剩下的有 C, D, E, F, G, H 6 人。」

蒂蒂：「是啊。」

我：「所以《右》可能產生的配對方式，應該和 6 人的《握手配對》數目一樣吧？因為我們只要考慮 A, B 以外的 6 人《握手配對》就可以了。」

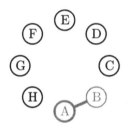

只要考慮 A, B 以外的 6 人《握手配對》就可以了

蒂蒂：「的確！6 人，嗯，是 5 種嗎？」

我：「沒錯。同樣的，《左》也會是 5 種喔，因為只考慮 B, C, D, E, F, G 的配對。」

蒂蒂：「原來如此！至於《大右》和《大左》，都會與 4 人《握手配對》相同，有 2 種方式對吧。我來整理一下！$n=4$，即 8 人《握手配對》共有……」

- 《右》會剩下 6 人，故有 5 種配對。
- 《大右》會剩下 4 人，故有 2 種配對。
- 《大左》會剩下 4 人，故有 2 種配對。
- 《左》會剩下 6 人，故有 5 種配對。

我：「嗯。所以說？」

蒂蒂：「所以說，總共有 $5+2+2+5=14$ 種配對！」

我：「因此 $n=4$ 的時候一共有 14 種配對！」

蒂蒂：「我來整理一下！」

我：「等一下。我剛才發現了很重要的事喔。蒂蒂想解的是《$2n$ 人的握手問題》吧，是否要用這樣的圖來思考呢？」

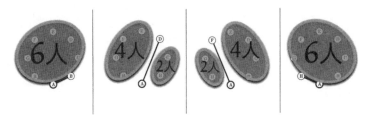

幫助思考《8 人的握手問題》的圖

蒂蒂：「這些大大的 ⬤ 是什麼呢……？」

我：「這些圓是用來表示隱藏在其中的《較少人的握手問題》。也就是說，我們藉由 A 的握手對象，切割了《握手問題》！」

蒂蒂：「蛤……？」

我：「蒂蒂是依 A 的握手對象分成數種不同情形。於是我就想像 A 與握手對象會拉出一條《分界線》，將原本的問題切割成 2 個比較小的握手問題……噢對了！0 人也要算進來！」

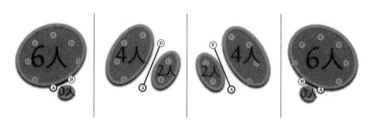

幫助思考《8 人的握手問題》的圖（把 0 人算進來）

蒂蒂：「0 人的握手？」

我：「沒錯。因此，《8 人的握手問題》可以分成 4 種情形，每種情形再切割成《2 組人數較少的握手問題》。也就是《6 人與 0 人》《4 人與 2 人》《2 人與 4 人》《0 人與 6 人》這 4 種情形！」

蒂蒂：「原來如此……」

我：「我們原本是想算 $n = 1, 2, 3, \cdots$ 的情形，但這樣看來，$n = 0$ 的情形也應要考慮進去。」

蒂蒂：「那，$2n = 0$ 人的握手配對方式，是 1 種嗎？」

我：「這樣才會有一致性。也就是說呢，多人《握手配對》的配對方式，可以回歸至較少人數的配對方式！」

蒂蒂:「回歸……」

4.5 想一想數列的情形

我:「蒂蒂,我們再《命名》一次吧。假設不同 n,會有 a_n 種可能的《握手配對》方式。一一算出 $a_0, a_1, a_2, a_3, \cdots$ 後,就可以從數列的角度來解題。對了,把它整理成表格吧。」

握手配對的數列 $\langle a_n \rangle$

設 $2n$ 人握手,有 a_n 種可能的《握手配對》方式

n	0	1	2	3	4	$\cdots$
人數 $2n$	0	2	4	6	8	$\cdots$
a_n	1	1	2	5	14	$\cdots$

蒂蒂:「原來如此,整理成表格,看起來清楚多了。」

我:「為求謹慎,也把示意圖畫出來吧。」

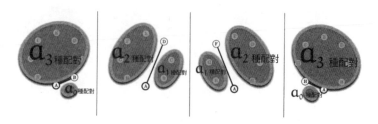

幫助思考《$n=4$ 的握手問題》的圖（畫出 a_n）

蒂蒂：「學長……我有點不太懂。這裡的 a_3, a_2, a_1, a_0 指的分別是 6 人、4 人、2 人、0 人，有幾種可能的《握手配對》方式對吧？」

我：「是啊。蒂蒂的理解是正確的喔。」

蒂蒂：「畫出這張圖之後，$n=4$ 仍然有 14 種配對方式沒錯吧？」

我：「當然囉，$a_4 = 14$ 這個答案並不會改變。」

蒂蒂：「這樣的話，畫這張圖有什麼意義呢？」

我：「剛才我們不是有提到回歸嗎？這就是畫圖的目的。由這張圖可看出 a_4 可寫成 a_0, a_1, a_2, a_3 的組合。」

蒂蒂：「人家還是不太明白這麼做的意義……」

我：「簡單來說，我們可以得到這個等式。」

$$a_4 = a_3 a_0 + a_2 a_1 + a_1 a_2 + a_0 a_3$$

蒂蒂：「呃，這表示我們將這 4 項相加之後，就能求出 a_4 嗎？」

我：「沒錯，而且相加的各項正是《分界線》左右兩側的相乘乘積。以 a_2a_1 為例。」

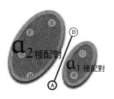

《分界線》的左右兩團人各自與團體內的對象配對

我：「a_2a_1 為《分界線》左右兩側的相乘乘積。

• 左側 4 人的《握手配對》共有 a_2 種可能。
• 右側 2 人的《握手配對》共有 a_1 種可能。

因為左側的 a_2 種可能若有任一種發生，右側皆有 a_1 種變化，故 a_2a_1 便是 A 與 D 握手時，可能的《握手配對》方式！嗯，果然令 $a_0 = 1$ 是正確的。」

蒂蒂：「原來如此！……仔細想想確實如此。人家是不是一遇到符號就會變得戰戰兢兢呢？」

我：「所以，a_4 可用以下的式子表示」

$$a_4 = a_3a_0 + a_2a_1 + a_1a_2 + a_0a_3$$

蒂蒂：「是的，我明白了。」

我：「至此，我們便能推論出數列 $\langle a_n \rangle$ 的**遞迴式**！」

蒂蒂：「什麼意思呢？」

我：「簡單來說，雖然我們剛才算的是 $n=4$ 的情形，不過由蒂蒂的思路所衍生的《分界線》解法，在 n 比較大時也適用。因為每條分界線都能把人群分成左右兩側。」

蒂蒂：「哦，原來如此……」

我：「所以我們可以寫出一般化的式子。」

$$a_n = a_{n-1}a_0 + a_{n-2}a_1 + \cdots + a_1 a_{n-2} + a_0 a_{n-1}$$

蒂蒂：「呃，這是……」

我：「別緊張，我們先仔細看看這個式子吧。你看，

$$a_n = \underbrace{a_{n-1}a_0}_{n-1\,與\,0} + \underbrace{a_{n-2}a_1}_{n-2\,與\,0} + \cdots + \underbrace{a_1 a_{n-2}}_{1\,與\,n-2} + \underbrace{a_0 a_{n-1}}_{0\,與\,n-1}$$

這樣就清楚多了吧。這個等式的右邊就是由一大堆

$$a_{n-k}a_{k-1}$$

的項目加總所得。」

蒂蒂：「那、那這個 k 是代表？」

我：「嗯，k 會從 1 逐漸增加至 n，再把每個 $a_{n-k}a_{k-1}$ 加起來。我們可以用 Σ 來表示這些項目的加總！這就是數列 $\langle a_n \rangle$ 的遞迴式──哦天啊！」

數列 $\langle a_n \rangle$ 的遞迴式

$$\begin{cases} a_0 = 1 \\ a_n = \displaystyle\sum_{k=1}^{n} a_{n-k}a_{k-1} \quad (n = 1, 2, \ldots) \end{cases}$$

蒂蒂:「學、學長?」

我:「蒂蒂!這不就是卡特蘭數 C_n 嗎!」

蒂蒂:「卡特蘭數?」

我:「為什麼我到現在才發現呢!蒂蒂,你的握手問題的 $\langle a_n \rangle$,和卡特蘭數的 $\langle C_n \rangle$ 是同一個數列喔。」

蒂蒂:「學長──對這個式子有印象嗎?」

我:「嗯,我有看過這個遞迴式。不過不太記得它的一般項是什麼,該怎麼算呢……」

蒂蒂:「剛才推出來的遞迴式不行嗎?」

我:「嗯,我們雖然有推導出握手配對方式的數列 $\langle a_n \rangle$,但我們希望能寫出只用 n 來表示 a_n 的《一般式》。」

蒂蒂:「一般式?」

我:「你看,如果是遞迴式,$a_n = \cdots$ 等號右邊不是會有 a_{n-k} 或 a_{k-1} 之類的東西嗎?這表示如果我們想求得某項,必須先

知道數列中的其他項是多少。然而，我們希望能直接由 n 求得 a_n。」

蒂蒂：「呃、寫出一般式是很重要的事嗎？」

我：「是啊，只要可以我們都會盡量寫出一般式。因為如果是遞迴式，就要從 a_0 開始，依序一一算出 $a_1, a_2, \cdots$ 最後才知道 a_n，不是嗎？」

蒂蒂：「原來如此。我本來還想說，只要一鼓作氣把它們依序一一算出來就好了……」

我：「嗯，如果 n 很小是可以這麼做，但 n 越大就會變得越難算。所以能不能用一般式來表示 a_n 會變成一件亟待確認的事──說起來，我曾和由梨一起想過類似的問題*。卡特蘭數會出現在像這樣的題目中。」

問題 3（路徑問題）

如下圖所示，S 和 G 之間有許多上下起伏的山路，請問從 S 走到 G 有幾種路徑？

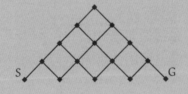

---

*請參考『數學女孩／隨機演算法』第 8 章（鋼琴問題）。

蒂蒂:「咦?這題和卡特蘭數有關係嗎?」

我:「嗯,有喔。這個題目就相當於 $n=4$ 的情形,有 14 種路徑。讓我們把這些路徑都畫出來吧。」

解答 3(路徑問題)

共有以下 14 種路徑。

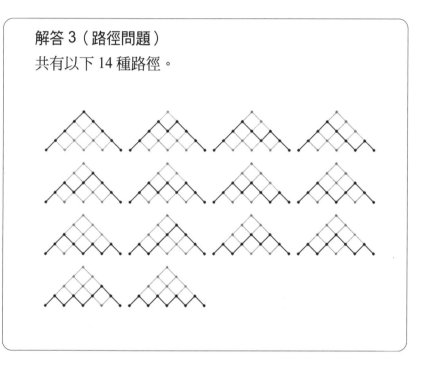

蒂蒂:「可是路徑問題和握手問題問的東西完全不一樣啊……」

我:「是沒錯,但握手問題得到的遞迴式,確實和卡特蘭數的遞迴式相同,而這個路徑問題的答案也是卡特蘭數喔。」

蒂蒂:「是……這樣嗎?」

我：「所以說呢，這個問題應該可以《換個方式問》。也就是
　　說，蒂蒂所提出的握手問題，若換個方式問，應該可以回
　　歸到這個路徑問題。說得清楚一點，只要把握手問題的
　　『握手』這個動作變形一下，可以轉換成路徑問題裡的
　　『路徑』……啊，真的可以，辦得到沒問題。」

蒂蒂：「咦、咦？」

我：「先考慮最簡單的握手情形吧，A 和 B，C 和 D……這裡
　　的握手，可以轉換成這樣的路徑。」

蒂蒂：「為什麼呢？」

我：「嗯，只是有這種感覺啦……對了，你看你看，把互相握
　　手的 A, B, C, D 排成一列，這時表示握手的連線會變成這
　　樣，這樣就很像了吧。」

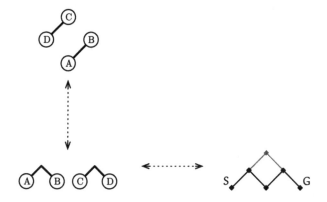

蒂蒂:「可是⋯⋯像這種握手配對的方式,又會對應到什麼樣的路徑呢?學長。」

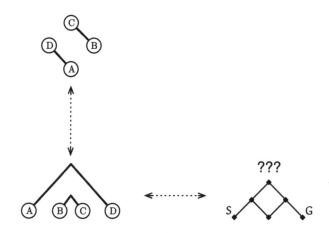

我 :「嗯──我覺得這樣應該也找得到對應的路徑。」

蒂蒂:「握手雙方彼此對等,但路徑有上下之分啊⋯⋯」

我：「握手——並不對等喔！蒂蒂，因為它們排成一列了。」

蒂蒂：「所以呢？」

我：「如果握手的人排成一列，那麼對其中任一人來說，只能和隊伍中自己右邊或左邊的人握手！所以，應該要與路徑問題這樣對應！

- 《與右邊的人握手》對應到 ↗
- 《與左邊的人握手》對應到 ↘」

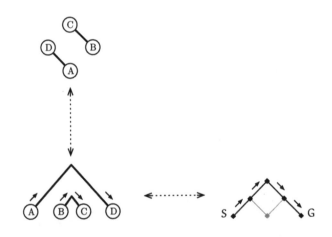

蒂蒂：「把 ABCD 改寫成 ↗↗↘↘……？」

我：「沒錯。反過來說，對任何一條路徑來說，都有與其對應的《握手配對》。讓我們來試試看人數多一點的情形吧。設 $n=4$，先隨便弄一種握手配對，再轉換成路徑。」

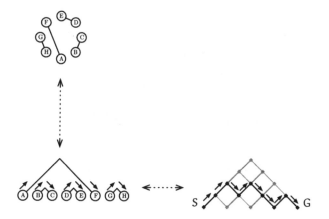

蒂蒂:「好好玩!改寫後會得到↗↗↘↗↘↘↗↘耶!……
　　　咦,可是,這樣還是不知道一般項是多少啊?」

我:「不,算得出來,我想起來該怎麼算了。米爾迦上次教過
　　我,可以算算看反射後[*]的路徑有幾種。還記得我們提過的
　　原則嗎?《如果那樣就好了》。想像爬山的人可潛入地
　　下,像這樣。」

---

*請參考《數學女孩》。

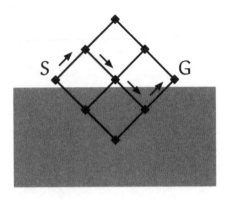

假設爬山的人能潛入地下

蒂蒂：「要求出這個圖中有幾種路徑嗎？」

我：「是啊，這張圖中標出的是↗↘↘↗的路徑。如果爬山的人可像這樣潛入地下，那麼由 2 個↗和 2 個↘，共 4 個箭頭的排列，即可構成所有的路徑。求得《4 個箭頭中，有 2 個是↘》有幾種可能的情形就行了，也就是要算 4 選 2 的組合數，即共有 $\binom{4}{2}$ 種路徑。」

蒂蒂：「學長，請等一下、等一下啦，這樣會多算吧！因為原本的題目沒有說可以潛入地下，所以我們這種算法答案會太多。」

我：「嗯，所以還要再扣掉潛入地下的路徑數目，才會是正確答案。至於潛入地下的路徑要怎麼算……」

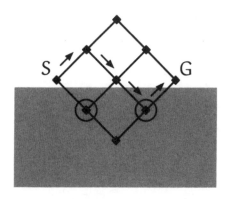

潛入地下的路徑一定會通過○

我：「從 S 走到 G 的路徑中，如果要潛入地下，一定會通過
有○記號的地方。這裡我們把通過第一個○之後碰到的↘
和↗倒過來，就像是鏡子反射的倒影那樣。」

蒂蒂：「反射……這樣會比較好算嗎？」

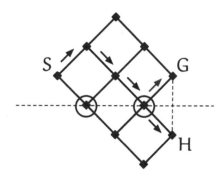

想像反射的倒影

我：「潛入地下再抵達 G 的路徑，經反射後會得到抵達 H 的路徑。換言之，潛入地下後再抵達 G 的路徑數，會等於抵達 H 的路徑數。」

蒂蒂：「……居然可以這樣解。」

我：「從 S 到 G 的路徑數，與 4 個箭頭中取 2 個為↘的可能組合數相同，共有 $\binom{4}{2}$ 條。而從 S 到 H 的路徑數，則與 4 個箭頭中取 3 個為↘的可能組合數相同，共有 $\binom{4}{3}$ 條。之所以是 $\binom{4}{3}$，是因為多了一個↘，所以會變成 $\binom{4}{2+1}$。接著，只要把所有路徑減去潛入地下的路徑，即為答案。」

$$\underbrace{\binom{4}{2}}_{\text{所有路徑}} - \underbrace{\binom{4}{2+1}}_{\text{潛入地下的路徑}}$$

蒂蒂：「……！」

我：「再來只要進行一般化就行了。從 S 到 G 一共有 $\binom{2n}{n}$ 種路徑，而從 S 到 H 則有 $\binom{2n}{r+1}$ 種路徑，所以……」

我：「這樣即可求出答案。因此，路徑問題的一般項——同時也是卡特蘭數的一般項 C_n——就是這樣！」

$$\underbrace{\binom{2n}{n}}_{\text{所有路徑}} - \underbrace{\binom{2n}{n+1}}_{\text{有潛入地下的路徑}}$$

卡特蘭數的一般項 C_n

$$\begin{cases} C_0 = 1 \\ C_n = \dbinom{2n}{n} - \dbinom{2n}{n+1} \end{cases} \qquad (n = 1, 2, 3, \ldots)$$

蒂蒂:「嗯……」

我:「來驗算一下吧。$n = 1, 2, 3, 4$ 的時候,C_n 應該分別會是 1, 2, 5, 14 喔。」

蒂蒂:「我不是在懷疑啦,只是講得有點快……先讓我整理一下。」

- 我們想算出握手問題的 a_n 是多少。
- 依 A 的握手對象分成數種不同情形,
  可得到 a_n 的遞迴式。
- 列出遞迴式時,令 $a_0 = 1$。
- 學長發現這個遞迴式與卡特蘭數 C_n 的遞迴式相同。
- 研究過路徑問題,發現《握手配對》問題確實可變形為路徑問題。
- 反過來說,路徑也可變形為《握手配對》。
- 因此《握手配對》的方式 a_n,與路徑數目 C_n 相等。
- 接著由反射的方法求出路徑的數目。
- 最後便能求得《握手配對》總共有幾種。

我:「蒂蒂真的很擅長整理想法呢。」

蒂蒂：「不、不算什麼啦。要是沒整理清楚很容易迷失方向
　　……」

4.6　算算看

我：「那實際來算算看吧。將 $n = 1, 2, 3, 4$ 代入 $\binom{2n}{n} - \binom{2n}{n+1}$，
　　首先是 C_1。」

$$
\begin{aligned}
C_1 &= \binom{2n}{n} - \binom{2n}{n+1} &&\text{由先前的式子} \\
&= \binom{2 \cdot 1}{1} - \binom{2 \cdot 1}{1+1} &&\text{令 } n = 1 \\
&= \binom{2}{1} - \binom{2}{2} &&\text{計算} \\
&= \frac{2}{1} - \frac{2 \times 1}{2 \times 1} &&\text{代入組合公式} \\
&= 2 - 1 \\
&= 1
\end{aligned}
$$

蒂蒂：「結果是 $C_1 = 1$，與 a_1 都等於 1。」

我：「嗯，沒錯，再來是 C_2。」

$$C_2 = \binom{2n}{n} - \binom{2n}{n+1} \qquad \text{由先前的式子}$$

$$= \binom{2 \cdot 2}{2} - \binom{2 \cdot 2}{2+1} \qquad \text{令 } n=2$$

$$= \binom{4}{2} - \binom{4}{3} \qquad \text{計算}$$

$$= \frac{4 \times 3}{2 \times 1} - \frac{4 \times 3 \times 2}{3 \times 2 \times 1} \qquad \text{代入組合公式}$$

$$= 6 - 4$$

$$= 2$$

蒂蒂：「$C_2 = 2$，的確也和 $a_2 = 2$ 一致。」

我：「我現在才發現，用 $\binom{2n}{n+1}$ 取代式中的 $\binom{2n}{n-1}$，應該可以讓算式看起來簡單些。接著是 C_3。」

$$C_3 = \binom{2n}{n} - \binom{2n}{n+1} \qquad \text{由先前的式子}$$

$$= \binom{2 \cdot 3}{3} - \binom{2 \cdot 3}{3+1} \qquad \text{令 } n=3$$

$$= \binom{6}{3} - \binom{6}{4} \qquad \text{計算}$$

$$= \binom{6}{3} - \binom{6}{2} \qquad \text{因為 } \binom{6}{4}=\binom{6}{2} \text{（對稱公式）}$$

$$= \frac{6 \times 5 \times 4}{3 \times 2 \times 1} - \frac{6 \times 5}{2 \times 1} \qquad \text{代入組合公式}$$

$$= 20 - 15$$

$$= 5$$

蒂蒂：「$C_3 = 5$……和 $a_3 = 5$ 也一樣！」

我：「再來就輪到 C_4 了。」

$$C_4 = \binom{2n}{n} - \binom{2n}{n+1} \qquad \text{由先前的式子}$$

$$= \binom{2 \cdot 4}{4} - \binom{2 \cdot 4}{4+1} \qquad \text{令 } n=4$$

$$= \binom{8}{4} - \binom{8}{5} \qquad \text{計算}$$

$$= \binom{8}{4} - \binom{8}{3} \qquad \text{因為} \binom{8}{5} = \binom{8}{3}$$

$$= \frac{8 \times 7 \times 6 \times 5}{4 \times 3 \times 2 \times 1} - \frac{8 \times 7 \times 6}{3 \times 2 \times 1} \qquad \text{代入組合公式}$$

$$= 70 - 56$$

$$= 14$$

蒂蒂：「太棒了！$C_4 = 14, a_4 = 14$，兩個確實相等！」

我：「把剛才得到的數列放到表格裡面吧。」

n	0	1	2	3	4	$\cdots$
人數 $2n$	0	2	4	6	8	$\cdots$
a_n	1	1	2	5	14	$\cdots$
C_n	1	1	2	5	14	$\cdots$

蒂蒂：「a_n 和 C_n 真的都一樣耶。」

4.7　整理式子

我：「剛才計算的時候我想到一件事。我們計算 C_n 的時候，不是有出現像這樣的式子嗎？

$$\frac{8 \times 7 \times 6 \times 5}{4 \times 3 \times 2 \times 1} - \frac{8 \times 7 \times 6}{3 \times 2 \times 1}$$

要不要直接把這式子通分看看呢？」

蒂蒂：「就是把分母都變成 $4 \times 3 \times 2 \times 1$ 嗎？」

$$\begin{aligned}
C_4 &= \frac{8 \times 7 \times 6 \times 5}{4 \times 3 \times 2 \times 1} - \frac{8 \times 7 \times 6}{3 \times 2 \times 1} \\
&= \frac{8 \times 7 \times 6 \times 5}{4 \times 3 \times 2 \times 1} - \frac{8 \times 7 \times 6}{3 \times 2 \times 1} \cdot \frac{4}{4} \qquad \text{通分} \\
&= \frac{8 \times 7 \times 6 \times 5}{4 \times 3 \times 2 \times 1} - \frac{(8 \times 7 \times 6) \times 4}{(3 \times 2 \times 1) \times 4} \\
&= \frac{(8 \times 7 \times 6 \times 5) - (8 \times 7 \times 6 \times 4)}{4 \times 3 \times 2 \times 1} \\
&= \frac{(8 \times 7 \times 6)(5 - 4)}{4 \times 3 \times 2 \times 1} \qquad \text{提出 } 8 \times 7 \times 6 \\
&= \frac{8 \times 7 \times 6}{4 \times 3 \times 2 \times 1} \qquad \text{因為 } 5 - 1 = 4
\end{aligned}$$

我：「沒錯沒錯。做得很好，接下來再變換一下這個式子。」

$$\begin{aligned}
C_4 &= \frac{8 \times 7 \times 6}{4 \times 3 \times 2 \times 1} \\
&= \frac{1}{5} \cdot \frac{8 \times 7 \times 6 \times 5}{4 \times 3 \times 2 \times 1} \\
&= \frac{1}{5} \cdot \frac{(8 \times 7 \times 6 \times 5) \times (4 \times 3 \times 2 \times 1)}{(4 \times 3 \times 2 \times 1) \times (4 \times 3 \times 2 \times 1)} \\
&= \frac{1}{5} \cdot \frac{8!}{4!\,4!} \\
&= \frac{1}{4+1} \binom{2 \cdot 4}{4}
\end{aligned}$$

蒂蒂：「是、是這樣沒錯啦，所以？」

我：「因為這是 $n = 4$ 時的計算，所以可以想像一般式或許是這個樣子

$$C_n = \frac{1}{n+1}\binom{2n}{n}$$ 」

蒂蒂：「咦，人、人家完全想像不到耶……」

我：「事實上這個一般式是對的喔！把我們剛才變換 $n = 4$ 的式子時用的方法，套用在一般化的情形，經過計算即可證明！」

$$\binom{2n}{n} - \binom{2n}{n+1}$$

$$= \frac{(2n)!}{n! \, (2n-n)!} - \frac{(2n)!}{(n+1)! \, (2n-(n+1))!}$$

$$= \frac{(2n)!}{n! \, n!} - \frac{(2n)!}{(n+1)! \, (n-1)!}$$

$$= \frac{n+1}{n+1} \cdot \frac{(2n)!}{n! \, n!} - \frac{n}{n} \cdot \frac{(2n)!}{(n+1)! \, (n-1)!} \qquad \text{通分前的準備}$$

$$= \frac{(n+1)(2n)!}{(n+1)n! \, n!} - \frac{n(2n)!}{n(n+1)! \, (n-1)!} \qquad \text{相乘}$$

$$= \frac{(n+1)(2n)!}{(n+1)! \, n!} - \frac{n(2n)!}{n(n+1)! \, (n-1)!} \qquad \text{因為 } (n+1) \, n! = (n+1)!$$

$$= \frac{(n+1)(2n)!}{(n+1)! \, n!} - \frac{n(2n)!}{(n+1)! \, n!} \qquad \text{因為 } n(n-1)! = n!$$

$$= \frac{(n+1)(2n)! - n(2n)!}{(n+1)! \, n!} \qquad \text{分數減法}$$

$$= \frac{((n+1)-n)(2n)!}{(n+1)! \, n!} \qquad \text{提出} (2n)!$$

$$= \frac{(2n)!}{(n+1)! \, n!} \qquad \text{因為 } (n+1)-n=1$$

$$= \frac{1}{n+1} \frac{(2n)!}{n! \, n!} \qquad \text{因為 } (n+1)! = (n+1)n!$$

$$= \frac{1}{n+1} \binom{2n}{n} \qquad \text{組合數的計算}$$

蒂蒂：「學長……」

我：「你看，很簡單吧？啊啊，舒服多了。」

解答 2（2n 人的握手問題）

2n 人的《握手配對》總數，與卡特蘭數的一般項

$$\frac{1}{n+1}\binom{2n}{n}$$

相同。

※ 當 $n=0$ 時，令 $\binom{0}{0}=1$。

蒂蒂：「學長……可是我還是覺得有點困難。如果沒有像學長這樣一步步教我怎麼推導，我自己不可能想得到要這樣解題。」

我 ：「嗯，如果完全沒有背景知識，要推導出這些式子應該蠻困難的吧，我應該也做不到。不過，你不覺得《換個方式問》確實是個很有用的方法嗎？」

蒂蒂：「的確……表面上看來，握手問題和路徑問題是兩個完全不同的東西，但適當改變形式，卻會得到相同結果。」

我 ：「是啊。計算有幾種可能情形時，為了簡化計算而改變問題的形式，思考是否能將其回歸至自己原本已知如何求解的問題……不過這麼做的時候，必須注意不能更動問題的結構喔。」

蒂蒂：「是的……原來要《換個方式問》啊。」

下午上課鐘聲響起。

充實的午休時間告一段落。

參考文獻

- John Horton Conway, Richard Kenneth Guy, "The book of numbers", Copernicus, 1995
- Donald E. Knuth, Oren Patashnik, Ronald L. Graham, "Concrete Mathematics: A Foundation for Computer Science", Addison-Wesley, 1994
- Richard P. Stanley, "Catalan Numbers", Cambridge University Press, 2015

「即使你放開我的手，我也不會放開你的手。」

第 4 章的問題

●問題 4-1（所有握手情形）

p.175 頁中，蒂蒂本來想畫出 8 人握手的所有配對情形，但沒畫出來。請你試著畫出這些情形，共 14 種。

（答案在 p. 289 頁）

●問題 4-2（棋盤狀道路）

一個 4×4 的棋盤狀道路如下圖，若想從 S 經過這些道路到 G，共有幾種最短路徑？需注意不可通過河流。

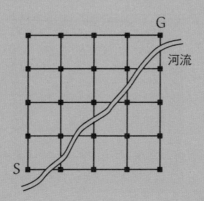

（解答在 p. 291 頁）

●問題 4-3（硬幣的排列）

設一開始有數枚硬幣排成一列，再往上堆疊新的硬幣，並規定，同一層需有 2 枚相鄰硬幣，才能在上面堆疊 1 枚新的硬幣，我們想知道共有幾種堆疊方式。以下圖為例，若底部有 3 枚硬幣，則堆疊方式共有以下 5 種。

如果一開始有 4 枚硬幣排成一列，那麼共有幾種堆疊方式呢？

（解答在 p. 293 頁）

●問題 4-4（贊成、反對）

滿足以下條件的數組〈$b_1, b_2, \cdots, b_8$〉共有幾個？

$$
\begin{cases}
b_1 \geqq 0 \\
b_1 + b_2 \geqq 0 \\
b_1 + b_2 + b_3 \geqq 0 \\
b_1 + b_2 + b_3 + b_4 \geqq 0 \\
b_1 + b_2 + b_3 + b_4 + b_5 \geqq 0 \\
b_1 + b_2 + b_3 + b_4 + b_5 + b_6 \geqq 0 \\
b_1 + b_2 + b_3 + b_4 + b_5 + b_6 + b_7 \geqq 0 \\
b_1 + b_2 + b_3 + b_4 + b_5 + b_6 + b_7 + b_8 = 0 \quad (\text{等號}) \\
b_1, b_2, \ldots, b_8 \text{ 皆為 1 或} -1
\end{cases}
$$

（解答在 p. 295 頁）

●問題4-5（先反射再計算）

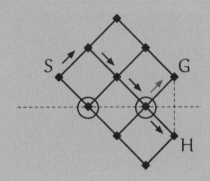

試試看p. 189頁中「我」所提到的方法吧。請將所有《從S出發，潛入地下再抵達G的路徑》轉換成《從S出發抵達H的路徑》。

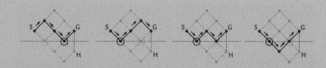

（解答在p. 297頁）

第 5 章

繪製地圖

> 「為了繪製地圖，一起去看看這個世界吧。」

5.1 在頂樓

我：「蒂蒂是你啊！」

蒂蒂：「學長！是來吃午飯的嗎？」

我：「可以坐你旁邊嗎？」

蒂蒂：「當然可以。」

這裡是我的高中，現在是午休時間。我想帶著麵包到頂樓慢慢享用，在那裡看到學妹蒂蒂正在專注地看著筆記，於是我在她旁邊坐下。

我：「嗯——難道蒂蒂是在等我過來嗎？」

蒂蒂：「也不是這麼回事啦……看天氣那麼好，所以一時興起想來頂樓看看。」

我想著要怎麼樣『一時興起想來頂樓看看』，並啃著麵包。

我：「所以，今天的 Lazy Susan 呢？」

蒂蒂：「咦？」

我：「每次和蒂蒂在頂樓聊天的時候，都會聊到 Lazy Susan 的
相關問題，才這麼問。最近還有在思考其他問題嗎？」

蒂蒂：「這個嘛⋯⋯也不是真的在思考什麼問題，不過有件事
讓我有點在意。」

我：「數學的問題嗎？」

蒂蒂：「是的，應該是和數學相關的問題，不過總覺得很難把
問題說清楚。」

我：「對《喜歡用言語描述清楚》的蒂蒂來說還真是少見呢。
那是什麼樣的問題呢？」

蒂蒂：「嗯，也不曉得算不算得上是問題⋯⋯總之可以先聽我
說說看嗎？」

我：「當然可以囉。」

　　雖然和數學有關，卻不曉得是不是數學問題。到底會是什
麼東西呢？

5.2　蒂蒂在意的事

蒂蒂：「之前學長有和我解釋一些環狀排列的特徵。」

我：「嗯，是啊。」

問題 1（中華餐館問題）
一個圓桌，圍繞 5 個座位。5 個人欲坐在這些座位上，共
有幾種入座方式？

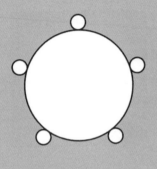

蒂蒂：「記得我們將環狀排列問題回歸至一般排列問題，順利
　　　解出了答案。」

我：「嗯，只要先固定其中 1 人的位置，剩下的人排列就變成
　　一般的排列問題。若有 n 個人入座圓桌，則會有 $(n-1)!$ 種
　　入座方式。這就是將 n 人的環狀排列問題，回歸至 $n-1$ 人
　　的一般排列問題。」

蒂蒂：「就是這裡，所謂的**回歸**，究竟是什麼意思呢？」

解答 1（中華餐館問題）

一個圓桌，圍繞 5 個座位。5 人欲坐在這些座位上，則可由下列計算過程

$$4! = 4 \times 3 \times 2 \times 1 = 24$$

得到入座方式共有 24 種。

（固定其中 1 人，再將剩下的 4 人視為一般的排列）

Ⓐ	Ⓑ→Ⓒ→Ⓓ→Ⓔ				Ⓐ	Ⓒ→Ⓑ→Ⓓ→Ⓔ			
Ⓐ	Ⓑ→Ⓒ→Ⓔ→Ⓓ				Ⓐ	Ⓒ→Ⓑ→Ⓔ→Ⓓ			
Ⓐ	Ⓑ→Ⓓ→Ⓒ→Ⓔ				Ⓐ	Ⓒ→Ⓓ→Ⓑ→Ⓔ			
Ⓐ	Ⓑ→Ⓓ→Ⓔ→Ⓒ				Ⓐ	Ⓒ→Ⓓ→Ⓔ→Ⓑ			
Ⓐ	Ⓑ→Ⓔ→Ⓒ→Ⓓ				Ⓐ	Ⓒ→Ⓔ→Ⓑ→Ⓓ			
Ⓐ	Ⓑ→Ⓔ→Ⓓ→Ⓒ				Ⓐ	Ⓒ→Ⓔ→Ⓓ→Ⓑ			
Ⓐ	Ⓓ→Ⓑ→Ⓒ→Ⓔ				Ⓐ	Ⓔ→Ⓑ→Ⓒ→Ⓓ			
Ⓐ	Ⓓ→Ⓑ→Ⓔ→Ⓒ				Ⓐ	Ⓔ→Ⓑ→Ⓓ→Ⓒ			
Ⓐ	Ⓓ→Ⓒ→Ⓑ→Ⓔ				Ⓐ	Ⓔ→Ⓒ→Ⓑ→Ⓓ			
Ⓐ	Ⓓ→Ⓒ→Ⓔ→Ⓑ				Ⓐ	Ⓔ→Ⓒ→Ⓓ→Ⓑ			
Ⓐ	Ⓓ→Ⓔ→Ⓑ→Ⓒ				Ⓐ	Ⓔ→Ⓓ→Ⓑ→Ⓒ			
Ⓐ	Ⓓ→Ⓔ→Ⓒ→Ⓑ				Ⓐ	Ⓔ→Ⓓ→Ⓒ→Ⓑ			

我：「什麼意思——你的意思是？」

蒂蒂：「不是直接算環狀排列，而是先回歸至一般排列再算。我可以接受學長這樣的說明，自己也試著想了幾個例子來驗證是不是真的懂了。」

我：「嗯，然後？」

蒂蒂：「可是，總覺得自己還是《沒有完全懂》。我《確實已懂》環狀排列的問題，能解出問題的答案，也能和別人說明怎麼解。但是，對於解環狀排列時所用到的《回歸》，還是沒有完全明白是怎麼回事。」

我：「你是在想『把某個問題回歸至另一個問題是什麼意思呢？』是嗎？」

蒂蒂：「我是這樣想的嗎？」

我：「呃、問我也不知道啊——」

蒂蒂：「雖然我不清楚該怎麼用言語來說明，但人家心中就是對《回歸》有種《沒有完全明白》的感覺。總覺得一直有個聲音在對自己說『你還是沒完全懂啊，別得意忘形』所以有些沮喪……」

我：「有個聲音在對自己說啊……」

我一邊啃著剩下的麵包一邊思考。
究竟蒂蒂覺得是誰在對自己說呢？

蒂蒂：「不、不好意思。學長還在吃午餐，卻提出了這麼一個莫名其妙的問題。」

我：「不，這個問題或許也很重要。回歸是什麼意思啊——」

5.3　波利亞的提問

蒂蒂：「學長之前提過波利亞的提問，也有類似的話。『怎樣解題』中有一個提問是《有沒有類似的東西》。」

蒂蒂翻著手上的《秘密筆記》說。

我：「嗯，是啊。」

蒂蒂：「如果要回答《有沒有類似的東西》，會想到一般排列和環狀排列類似，所以會回歸到一般排列……」

我：「話說，蒂蒂想問的應該是《為什麼要回歸呢》對吧，如果是這樣的話應該不難回答喔。我們有時會碰到很困難的問題，沒辦法直接解出來，但我們還是想用別的方式試試看。所以會想找找看有沒有類似已知解法的問題，得到解困難問題的提示。總之，就是《想簡化問題》，所以才要回歸。」

蒂蒂：「是的，我明白學長的意思。以簡單問題的求解取代困難問題的求解，這我明白。」

我：「嗯，那還有疑問嗎？」

蒂蒂：「是的，不過這似乎和我在意的地方不太一樣。這、這樣會不會很奇怪呢？明明是自己的問題，卻很難清楚說明究竟想問什麼。」

我：「這種事並不少見喔。我在想，蒂蒂想問的會不會是《要怎樣知道應該回歸哪個問題呢》？蒂蒂是不是在煩惱：要怎麼像『從環狀排列問題想到一般排列問題』一樣，從原本的問題想到回歸後是什麼問題？」

蒂蒂：「我不知道……」

我：「為了尋求能解出難題的提示，而想從簡單的問題下手。至於該如何下手——並沒有能一招打天下的方法。要是有這種方法，所有問題都能快速解決了。」

蒂蒂：「學長說的沒錯。不過，雖然稱不上是一招打天下，從波利亞的提問也常能發現一些提示或線索不是嗎。《想問什麼》《已知那些條件》《以圖表示》《命名》等等……」

我：「是啊，思考的時候常會自問自答。這樣即使一個人獨自思考，也能模擬許多人一起思考的樣子。」

蒂蒂：「是這樣沒錯……」

我：「啊，難道蒂蒂煩惱的是像這樣的事嗎？如果《很困難的問題》可以回歸《困難的問題》，而《困難的問題》可以回歸《簡單的問題》……《要是一直無限延伸簡單的問題該怎麼辦呢》？你是擔心這個嗎？」

蒂蒂：「不、不是的！我想問的不是那麼深奧的問題！」

我：「啊，是這樣嗎。嗯，那麼蒂蒂在意的究竟是什麼呢？」

蒂蒂：「學長⋯⋯明明蒂蒂講的話那麼不著邊際，連《想問什麼》都不確定，卻麻煩學長那麼認真地幫蒂蒂想答案，真的很不好意思，謝謝學長。」

蒂蒂對我深深地頷了首。

我：「沒什麼啦，是我自己喜歡思考才會想那麼多，並不覺得麻煩。因為排列組合的問題常常回歸其他問題，所以讓我也有些在意蒂蒂的問題。這也算是在思考如何《換個方式問》吧。」

蒂蒂：「換個方式問！好像有點接近了⋯⋯和我想問的問題似乎有點像。」

我：「我們在討論卡特蘭數的時候，也曾《換個方式問》對吧。蒂蒂原本想要算排成人們環狀的《握手配對》有幾種。如果將握手問題轉換成路徑問題——也就是《換個方式問》——就能將每一種《握手配對》轉換成一條路徑，這麼一來就好算多了。在解排列組合問題時，常常會《換個方式問》喔。」

蒂蒂：「啊！我想我應該知道我想問的是什麼了！」

蒂蒂奮力地揮著雙手說。

蒂蒂：「《換個方式問》，確實會讓問題變得簡單。可是當我們《換個方式問》的時候，在數學領域中發生了什麼事

呢？若能適當的《換個方式問》，計算上確實會簡單許多而讓人興奮。從數學角度來看的話，《換個方式問》代表什麼樣的動作呢⋯⋯」

我：「原來如此！這個嘛⋯⋯在排列組合題目中，就是要找出對應關係吧，應該。」

蒂蒂：「對應關係！原來如此原來如此原來如此！」

我：「這個環狀排列和這個一般排列彼此對應，另一個環狀排列和另一個一般排列彼此對應。《換個方式問》就是在尋找這種《沒有遺漏、沒有重複》的對應關係吧！」

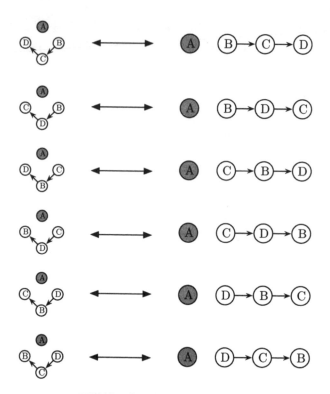

環狀排列與一般排列的對應關係

蒂蒂:「《沒有遺漏、沒有重複》,這句我知道是什麼意思!」

我:「嗯,對應關係常用來說明不同的映射喔,也就是 mapping。」

蒂蒂:「mapping!是指《地圖》嗎!」

我:「地圖?」

蒂蒂:「是的，就是地圖。將《地面》和《圖面》mapping 起來的東西，map，就是地圖。啊，我知道了！雖然很難直接看到全世界的樣子，但用地圖一覽世界就簡單多了。建立困難問題和簡單問題，兩者的對應關係，也有類似意義……把它們 mapping 起來思考！」

我:「原來如此，這想法很有趣呢！」

5.4 找尋對應關係

蒂蒂:「覺得心情清爽多了，謝謝學長。人家一直在想的問題，或許就是《對應關係》吧。」

我:「的確，我們常藉由《換個方式問》來尋找對應關係。特別是一對一的對應關係相當重要。」

蒂蒂:「一對一的對應關係？」

我:「沒錯，數學上稱為對射函數。」

蒂蒂:「對、對射函數？」

我:「所謂的對射函數，簡而言之就是《沒有遺漏、沒有重複》的對應關係。只是用數學式的用詞來描述而已啦。」

蒂蒂:「原來如此……」

我：「首先，下圖表示集合X《無重複映射》到集合Y。這種映射稱做單射函數。」

從 X 到 Y 的《單射函數》

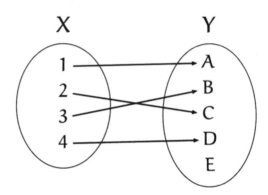

單射函數允許 Y 中的某元素（E）沒有被 X 中任一元素對應。

但不允許 Y 中的任一元素被重複對應。

蒂蒂：「《無重複映射》稱為單射函數……」

我：「再來，下圖為《無遺漏映射》的示意圖，這種映射又叫做映成函數。」

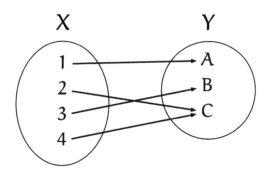

從 X 到 Y 的《映成函數》

映成函數允許 Y 中的某元素（C）被 X 中的多個元素重複對應。

但不允許 Y 中的任一元素沒有被對應到。

蒂蒂：「《無遺漏映射》稱為映成函數……」

我：「而兩種性質兼具的映射，也就是《沒有遺漏、沒有重複》，這種映射稱做對射函數。」

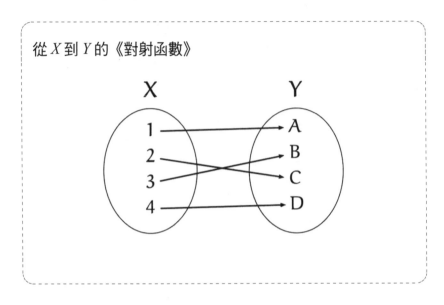

從 X 到 Y 的《對射函數》

蒂蒂：「我懂了。之前我聽到『對應』這個詞時，只會想到對射函數。因為我覺得沒有遺漏、沒有重複，這件事很重要。」

我：「當我們將環狀排列回歸一般排列，其實就是在尋找所有環狀排列與所有一般排列之間的對射函數關係喔。」

蒂蒂：「是的。」

我：「對射函數有個重要的特性，那就是 2 個集合的元素個數相等喔。雖然僅適用於有限集合。」

蒂蒂：「原來如此原來如此！」

我：「所以可以得到這樣的結論：若我們想求得某個集合內有

幾個元素,除了直接計算集合內的元素個數,也可以計算另一個『已知與此集合的元素數目相同的集合』內有幾個元素。」

蒂蒂:「這表示,用前面的例子來說,不需直接計算環狀排列有幾種可能,而是計算一般排列有幾種可能,再加以代替⋯⋯是這個意思嗎?」

我:「沒錯!這和米爾迦常說的《看穿結構》是一樣的道理。除了知道如何求出排列成環狀的人有幾種排列方式,更重要的是明白環狀排列和一般排列之間的對應關係。計算有幾種排列方式,只是單純的計算問題,而**發現《環狀排列固定其中 1 人即為一般排列》這樣的對應關係**,才是解題的精髓。」

蒂蒂:「是啊,從環狀排列對應到一般排列⋯⋯啊!所謂的對射函數,就是要找出《通往新世界的道路》吧!從環狀排列的世界前進一般排列的世界!」

我:「對射函數不只帶我們前進新世界,也可以讓我們發現追本溯源的道路喔。」

蒂蒂:「原來如此!」

5.5 有無「區別」

蒂蒂:「雖然和剛才的討論沒什麼關係⋯⋯解排列組合題目時,常常會出現很多有的沒的東西,像是球啦、棋子啦、人啦、鉛筆啦、蘋果啦、橘子啦⋯⋯把各種東西放入袋子,再從袋子取出排成一列或排成環狀,好忙啊。」

我：「哈哈哈。」

蒂蒂邊講邊表演，豐富的肢體動作讓我不由自主的笑了出來。

蒂蒂：「我有時會誤會排列組合題目的意思，常常想了好一陣子才明白。有些題目中想排列的東西彼此間**沒有區別**，這些題目通常會拿棋子來舉例。我們能區別白棋和黑棋的不同，卻無法區別這個黑棋和那個黑棋的差異。」

我：「嗯，是沒錯。」

蒂蒂：「所以不會有像『從 5 個黑棋中選出 2 個黑棋有幾種選法』之類的題目。因為我們無法區分黑棋的差異，所以選出 2 個黑棋的方法只有一種！」

我：「的確，我們無法區別出這 2 個黑棋和那 2 個黑棋有什麼不同。」

蒂蒂：「但如果是人就能區分差異。這個人和那個人不同，所以『從 5 人中選出 2 人有幾種選法』這樣的問題不會造成疑慮。我們能區分每個人的差異，這 2 人和那 2 人是不一樣的。」

我：「嗯，所以算出組合數就是答案。$\binom{5}{2} = \dfrac{5 \cdot 4}{2 \cdot 1} = 10$ 種選法。」

蒂蒂：「是的。如果題目改成『從 5 人中選出 2 人排成一列，有幾種排列方式』，又不一樣了。這時候還要考慮到順序。」

我：「這就是排列問題囉。排成一列一共有 $5 \times 4 = 20$ 種排列方式。」

蒂蒂：「如果選到的是 A 和 B 兩人，也會因為順序不同而有 AB 和 BA 兩種排列方式。這時能不能區分不同人的差異，就很重要。」

我：「嗯，可否《區別》，正是解排列組合問題時相當重要的關鍵字。能注意到這點，真不愧是蒂蒂。」

蒂蒂：「沒、沒有啦……我好像在炫耀自己懂很多一樣，不好意思。」

5.6 重複程度

我：「是說，蒂蒂，你是不是正在思考有哪些類似的關鍵字呢？」

蒂蒂：「關鍵字……是說像《區分》這種關鍵字嗎？」

我：「沒錯。」

蒂蒂：「不知道這算不算學長說的關鍵字，不過人家有的時候會弄錯題目給的條件，像是有沒有《重複》。」

我：「這樣啊。」

蒂蒂：「5 人排成一列，不同位置的人，一定不是同一人，所以不會重複。但如果是從一大堆黑白棋中選出 5 個棋子，

　　黑棋就有可能會被重複選到。或者說，在只有黑白 2 種棋子的情形下，要選出 5 個，一定會選到重複的棋子！」

我：「嗯，重複——能不能重複選擇的問題是嗎。」

蒂蒂：「啊！我又想到一個。就是《至少》這個關鍵字。」

我：「哦！」

蒂蒂：「有的時候題目除了要我們選出 5 個棋子之外，還會加上《至少要包含 1 個白棋》等條件。」

我：「是啊，這個關鍵字不只是算排列組合時會出現，在數學的其他領域中也常看到，是很重要的關鍵字喔，不愧是蒂蒂。」

蒂蒂：「我、我沒那麼屬害啦。」

5.7　換個說法

我：「《區別》、《重複》、《至少》……如果時常注意這些關鍵字，就不再是《忘了條件的蒂蒂》吧。」

蒂蒂：「如果能那麼順利就好了……啊，對了，我想起來了！我也曾經想用別種方式來理解。」

我：「？」

蒂蒂：「像是所謂的《沒有區分》，就是要我們《只看數字》。」

我：「哦？只看數字？」

蒂蒂：「黑棋間《沒有區分》，換個說法就是要我們《只看有幾個》黑棋，對吧？」

我：「的確！和《選了哪些黑棋》比起來，《選了幾個黑棋》才是重點。」

蒂蒂：「是的，接著我又想到，所謂的《不重複》，換個說法就是"at most one"。」

我：「At most one，《至多 1 個》《最多 1 個》是嗎⋯⋯沒錯，《不重複》也可以這樣解讀。要是不能重複，就代表是《0 個或 1 個》，同意。」

蒂蒂：「是的。而如果題目說某東西《至少 1 個》，換個說法就是"at least one"。」

我：「At least one，沒錯。不過這好像只是單純的翻譯而已，沒有換什麼說法吧。」

蒂蒂：「聽起來是這樣沒錯，但是當人家發現可以換一種方式表達的時候覺得相當興奮。在我發現這件事之前⋯⋯看到《區分》、《重複》、《至少》等詞彙時，總覺得這三個詞之間沒什麼關聯。」

我：「⋯⋯」

蒂蒂：「不過後來我注意到，《不區分》就是要我們只看數目、《不重複》表示"at most one"、《至少 1 個》則表示"at least one"。當我發現這些事時，才感覺到這三個詞彼此相關，而且不再覺得陌生，而像是我早已認識的老朋友。」

我：「原來如此。如果 n 是大於等於 0 的整數，那麼《不重複》就可寫成 $n \leq 1$，而《至少 1 個》則可寫成 $n \geq 1$。」

$0 \leq n \leq 1$	"at most one"	至多 1 個
		最多 1 個
		不重複
$1 \leq n$	"at least one"	至少 1 個

蒂蒂：「哦——」

我：「原來蒂蒂是這樣理解的，真的很厲害喔。蒂蒂善於『用言語描述清楚』，有了這件武器，可以拓展自己的視野呢。」

蒂蒂：「沒、沒有啦，人家才沒那麼厲害，因為我思考比較遲鈍，理解的速度比別人慢一些。而、而且……就算我現在懂了，到解題的時候還是常常會忘了條件，這樣就沒意義了……」

　　蒂蒂害羞的說，臉頰泛起微微紅暈。這時響起了上課鈴，宣告午休結束。

5.8　圖書室

　　放學後。
　　我像平常一樣來到圖書室，想作點數學研究。蒂蒂和米爾迦坐在圖書室的一角，像是在寫些什麼——或者該說 2 人正在挑戰數學題。

我：「蒂蒂，在寫題目嗎？」

蒂蒂：「啊！學長！請你等一下！現在正在戰鬥中！」

我：「戰鬥啊……」

米爾迦：「是卡片。」

村木老師給的卡片

設 n 與 r 為大於等於 1 的整數。欲將集合 $\{1, 2, 3, \cdots, n\}$ 分割成 r 個子集合，且分割後得到的子集合不得為空集合。舉例來說，當 $n=4$ 且 $r=3$ 時如下

$$
\begin{aligned}
\{1, 2, 3, 4\} &= \{1, 2\} \cup \{3\} \cup \{4\} \\
&= \{1, 3\} \cup \{2\} \cup \{4\} \\
&= \{1, 4\} \cup \{2\} \cup \{3\} \\
&= \{1\} \cup \{2, 3\} \cup \{4\} \\
&= \{1\} \cup \{2, 4\} \cup \{3\} \\
&= \{1\} \cup \{2\} \cup \{3, 4\}
\end{aligned}
$$

有 6 種分割方式。我們可由下式算出有幾種分割方式。

$$
\begin{Bmatrix} n \\ r \end{Bmatrix} = \begin{Bmatrix} 4 \\ 3 \end{Bmatrix} = 6
$$

（續背面）

於是我將卡片翻到背面。

請完成下表中的 $\left\{ \begin{matrix} n \\ r \end{matrix} \right\}$ 。

r／n	1	2	3	4	5
1	1	0	0	0	0
2			0	0	0
3				0	0
4			6		0
5					

我：「原來如此，所以米爾迦和蒂蒂正在比賽誰比較快解出來嗎。」

兩人沒有回應。

蒂蒂不動聲色的專心在筆記本上書寫。

坐在旁邊的米爾迦則是兩手抱胸，閉著眼睛思考。

我也來想想看這個問題吧，嗯……

◎　◎　◎

嗯，首先題目給了 n 和 r 兩個變數。「設 n 和 r 為大於等於 1 的整數」，所以 $n = 1, 2, 3, \cdots$ 而 $r = 1, 2, 3, \cdots$。

接著題目提到集合 $\{1, 2, 3, \cdots, n\}$。嗯，這個集合就是《1 到 n 間所有整數的集合》對吧。

再來則是要把這個集合「分割成 r 個子集合」，且子集合不得為空集合。

然後是舉例。村木老師出題的時候，為了使我們不致於誤解題意，都會舉例說明。這也是因為《舉例說明可驗證自己是否理解》吧。由實際例子，我們可確認自己是否真正理解問題的意思。

這裡給的例子是 $n = 4, r = 3$ 的情形。

因為 n 是 4，所以 $\{1, 2, 3, \cdots, n\}$ 的集合為

$$\{1, 2, 3, 4\}$$

而 r 是 3，表示我們要將這個由 4 個元素組成的集合，分割成 3 個子集合，但子集合不能是空集合。

我瞄了這張卡片一眼，想著該如何把 $\{1, 2, 3, 4\}$ 分割成 3 個部分。如果……

如果這樣分，可得到其中一種分割方法

$$\{1\} \quad \{2\} \quad \{3, 4\}$$

這種分割方法將 3 和 4 分到同一個子集合。而與這相似的分割方法應該還有數種，如果把 2 和 4 分到同一個子集合，可得到：

$$\{1\} \quad \{3\} \quad \{2,4\}$$

或者也可以把 1 和 3 分到同一個子集合，得到：

$$\{2\} \quad \{4\} \quad \{1,3\}$$

　　想到這裡，我又回頭看了看村木老師的卡片，再讀了一遍卡片上的例子——

$$\begin{aligned}
\{1,2,3,4\} &= \{1,2\}\cup\{3\}\cup\{4\} \\
&= \{1,3\}\cup\{2\}\cup\{4\} \\
&= \{1,4\}\cup\{2\}\cup\{3\} \\
&= \{1\}\cup\{2,3\}\cup\{4\} \\
&= \{1\}\cup\{2,4\}\cup\{3\} \\
&= \{1\}\cup\{2\}\cup\{3,4\}
\end{aligned}$$

原來如此。老師用聯集符號∪表示分割，寫下共 6 種分割方式。

　　嗯，到這裡，我想我應該明白該怎麼分割了。

　　村木老師的題目中，重點在於找出《有幾種分割方式》，卡片上用 $\begin{Bmatrix} n \\ r \end{Bmatrix}$ 來表示。既然這是定義，那也只能接受。

　　$n=4, r=3$，也就是把 $\{1,2,3,4\}$ 分割成 3 個子集合，共有 6 種分割方式。可寫作

$$\begin{Bmatrix} n \\ r \end{Bmatrix} = \begin{Bmatrix} 4 \\ 3 \end{Bmatrix} = 6$$

……原來如此。

　　而問題則是要完成這張表。

n\r	1	2	3	4	5
1	1	0	0	0	0
2			0	0	0
3				0	0
4			6		0
5					

這個表中有幾個格子已經填上數字了。

首先是一大堆 0，嗯，這些格子代表的是 $n < r$ 時的 $\begin{Bmatrix} n \\ r \end{Bmatrix}$。

這是當然，我們想《將 n 個元素分割成 r 個子集合》，如果子集合數目 r 比元素數目 n 還大，分割元素一定會不夠用，根本找不到滿足題目條件的分割方式，所以是 0。

$$\begin{Bmatrix} n \\ r \end{Bmatrix} = 0 \qquad （當 n < r）$$

再來看到表的左上角，$n = 1$ 的列與 $r = 1$ 的行的交叉處，也就是表示 $\begin{Bmatrix} 1 \\ 1 \end{Bmatrix}$ 的格子。若想《將 1 個元素分割成 1 個子集合》，只有 {1} 這種分割方式，也就是只有 1 種。

$$\begin{Bmatrix} 1 \\ 1 \end{Bmatrix} = 1$$

接著看到剛才老師舉例的 $\begin{Bmatrix} 4 \\ 3 \end{Bmatrix}$。如同先前的計算結果，這裡是 6。

那麼，表中剩下的空格嘛——

$$\begin{Bmatrix} 4 \\ 3 \end{Bmatrix} = 6$$

我想到這裡，米爾迦正好睜開眼睛，在自己的筆記本上一口氣填上所有數字。

◎　◎　◎

米爾迦：蒂蒂，我完成了，來對答案吧。」

蒂蒂：「時間到了啊……！我第 5 行才算到一半說。」

我：「『第 5 行』聽起來像在算九九乘法表一樣。」

米爾迦：由蒂蒂開始說明吧。」

蒂蒂：「好的……人、人家剛看這個問題的時候，實在不懂它想問什麼。不過看到 $\begin{Bmatrix} 4 \\ 3 \end{Bmatrix}$ 的例子，試著以此為出發點思考。」

$$\begin{aligned} \{1, 2, 3, 4\} &= \{1, 2\} \cup \{3\} \cup \{4\} \\ &= \{1, 3\} \cup \{2\} \cup \{4\} \\ &= \{1, 4\} \cup \{2\} \cup \{3\} \\ &= \{1\} \cup \{2, 3\} \cup \{4\} \\ &= \{1\} \cup \{2, 4\} \cup \{3\} \\ &= \{1\} \cup \{2\} \cup \{3, 4\} \end{aligned}$$

米爾迦:「嗯。」

我:「有範例,題意就清楚多了。」

蒂蒂:「是的,這就是《將 1 到 4 的整數分成 3 群》的例子。」

米爾迦:「是分割成子集合。」

蒂蒂:「是的,而且我還注意到一個隱藏條件,就是分割的時候《不需考慮子集合的順序》。」

米爾迦:「嗯。」

蒂蒂:「所、所以,雖然 $\{1, 2\} \cup \{3\} \cup \{4\}$ 和 $\{1, 2\} \cup \{4\} \cup \{3\}$ 的順序不同,但仍視為同一種分割方式……這樣對吧?」

我:「應該沒錯。話說回來,能發現這個條件的蒂蒂很厲害喔。」

蒂蒂:「人家也不會永遠都是《忘了條件的蒂蒂》啦!」

米爾迦:「繼續說下去。」

蒂蒂:「因為從來沒碰過類似問題,我就想《用較小的數字試試看》。大致看過這張表之後,發現有幾個格子不用算就知道答案了。」

米爾迦:「如果答案很 trivial。」

蒂蒂:「trivial?……啊,這樣講也沒錯。舉例來說,$r=1$ 的答案都不用計算。因為《分割成 1 個子集合》和《不分割》的意思一樣,所以 $\{1, 2, 3, \cdots, n\}$ 在 $r=1$ 時都只有一種分割方式!故可得到以下結果。」

$$\begin{Bmatrix} 2 \\ 1 \end{Bmatrix} = 1, \quad \begin{Bmatrix} 3 \\ 1 \end{Bmatrix} = 1, \quad \begin{Bmatrix} 4 \\ 1 \end{Bmatrix} = 1, \quad \begin{Bmatrix} 5 \\ 1 \end{Bmatrix} = 1$$

我：「嗯，原來如此。這樣就能填滿第一行的格子囉。因為

$$\begin{Bmatrix} n \\ 1 \end{Bmatrix} = 1$$

這個等式成立。」

n＼r	1	2	3	4	5
1	1	0	0	0	0
2	1		0	0	0
3	1			0	0
4	1		6		0
5	1				

由等式 $\begin{Bmatrix} n \\ 1 \end{Bmatrix} = 1$ 可填滿第一行

米爾迦：「至此我和蒂蒂的想法一樣。」

蒂蒂：「真、真的嗎！超開心的。」

米爾迦：「繼續說吧。」

蒂蒂：「是的，接著我還發現了另一個 trivial 的地方。」

我：「就是 $r=n$ 的時候吧。唉唷！」

坐在對面的米爾迦狠狠踢了我的腳。

米爾迦：「現在是蒂蒂的時間，你別急著搶話。」

我：「啊──抱歉。」

蒂蒂：「就像學長說的一樣，我試著算了 $r=n$ 的情形。子集合
個數 r 和元素個數 n 相等，也就是《所有元素各自分離》。
這和 $r=1$ 的情形完全相反，但分割方式都只有 1 種。$r=1$
時，因為《所有元素都在一起》，所以只有 1 種分割方式；
而 $r=n$ 時，則因為《所有元素各自分離》，所以同樣也只
有 1 種分割方式。」

$$\begin{Bmatrix} n \\ r \end{Bmatrix} = 1 \qquad (\ r=n\ 時\ )$$

米爾迦：「也可以寫成這樣。」

$$\begin{Bmatrix} n \\ n \end{Bmatrix} = 1$$

蒂蒂：「兩邊都是 n……確實如此！」

我：「這樣就填滿其中一條對角線囉。還剩下 5 個空格。」

由等式 $\begin{Bmatrix} n \\ n \end{Bmatrix} = 1$ 可填滿其中一條對角線

米爾迦:到這裡,蒂蒂和我的想法仍相同。」

蒂蒂:「真的嗎?這樣的話,米爾迦學姊數集合個數的速度也太快了吧……」

米爾迦:我沒有真的去數。」

蒂蒂:「咦?」

我:「咦?」

米爾迦:現在是蒂蒂的時間。」

蒂蒂:「然、然後人家就開始算 $n=3$, $r=2$ 時會有幾種分割方式。照村木老師卡片所附的範例格式列出,一共有 3 種分割方式如下。」

$$\{1, 2, 3\} = \{1, 2\} \cup \{3\}$$
$$= \{1, 3\} \cup \{2\}$$
$$= \{1\} \cup \{2, 3\}$$

$$\left\{ \begin{matrix} 3 \\ 2 \end{matrix} \right\} = 3$$

米爾迦：「嗯。」

我：「填了一個空格。」

n \ r	1	2	3	4	5
1	1	0	0	0	0
2	1	1	0	0	0
3	1	3	1	0	0
4	1		6	1	0
5	1				1

由等式 $\left\{ \begin{matrix} 3 \\ 2 \end{matrix} \right\} = 3$ 填了一個空格

蒂蒂：「再來是 $n=4, r=2$ 的情形。我認真想了一陣子，得到 6 種分割方式。」

$$\{1, 2, 3, 4\} = \{1, 2, 3\} \cup \{4\}$$
$$= \{1, 2, 4\} \cup \{3\}$$
$$= \{1, 2\} \cup \{3, 4\}$$
$$= \{1, 3\} \cup \{2, 4\}$$
$$= \{1, 4\} \cup \{2, 3\}$$
$$= \{1\} \cup \{2, 3, 4\}$$

$$\begin{Bmatrix} 4 \\ 2 \end{Bmatrix} = 6 \qquad (?)$$

米爾迦：「不對，少了 $\{1, 3, 4\} \cup \{2\}$ 這種分割方法。」

蒂蒂：「咦⋯⋯啊！真的耶，漏寫了 1 種。」

$$\{1, 2, 3, 4\} = \{1, 2, 3\} \cup \{4\}$$
$$= \{1, 2, 4\} \cup \{3\}$$
$$= \{1, 3, 4\} \cup \{2\} \qquad \leftarrow \text{漏寫了這種方法}$$
$$= \{1, 2\} \cup \{3, 4\}$$
$$= \{1, 3\} \cup \{2, 4\}$$
$$= \{1, 4\} \cup \{2, 3\}$$
$$= \{1\} \cup \{2, 3, 4\}$$

$$\begin{Bmatrix} 4 \\ 2 \end{Bmatrix} = 7$$

我：「可惜啊。不過這麼一來 $n \leqq 4$ 的空格都填滿囉。」

n \ r	1	2	3	4	5
1	1	0	0	0	0
2	1	1	0	0	0
3	1	3	1	0	0
4	1	7	6	1	0
5	1				1

等式 $\begin{Bmatrix} 4 \\ 2 \end{Bmatrix} = 7$ 填了一個空格

蒂蒂：「是啊……不過，表格我只填到這裡而已，$n = 5$ 的情形還在想有哪些可能的分割方式。米爾迦學姊，剛才妳說妳《沒有真的去數》又是什麼意思呢？」

米爾迦：題目要求的並不是分割後會有哪些集合，而是分割方法有幾種。《看穿題目結構》可以馬上知道有幾種分割方法。不如你也來回答看看吧，當作給你的測驗，$\begin{Bmatrix} 5 \\ 2 \end{Bmatrix}$ 是多少？」

測驗

$\begin{Bmatrix} 5 \\ 2 \end{Bmatrix}$ 是多少？

n＼r	1	2	3	4	5
1	1	0	0	0	0
2	1	1	0	0	0
3	1	3	1	0	0
4	1	7	6	1	0
5	1	?			1

我：「呃，突然把題目丟給我啊——不過，要是不先列出其中幾個分割方式，應該不能看穿題目的結構吧，我要先試著寫出幾種囉。」

米爾迦：「請便。」

我：「嗯，將 5 個元素分割成 2 個子集合……」

$$\begin{aligned}
\{1,2,3,4,5\} &= \{1,2,3,4\} \cup \{5\} \\
&= \{1,2,3,5\} \cup \{4\} \\
&= \{1,2,4,5\} \cup \{3\} \\
&= \{1,3,4,5\} \cup \{2\} \\
&= \{2,3,4,5\} \cup \{1\} \\
&= \{1,2,3\} \cup \{4,5\} \\
&= \{1,2,4\} \cup \{3,5\} \\
&= \{1,2,5\} \cup \{3,4\} \\
&= \cdots
\end{aligned}$$

我：「……等一下。」

蒂蒂：「好像會是個大工程耶。」

我：「不，看起來並不需要列出所有分割情形喔。原本題目要我們《將 5 個元素分割成 2 個子集合》，不過如果換個角度來看，只要《從 5 個元素中選出數個元素組成 1 個集合》就可以了！而沒被選到的元素則可形成另外 1 個集合。」

蒂蒂：「咦？」

我：「舉例來說，從 $\{1,2,3,4,5\}$ 中選出 $1,2,5$，得到 $\{1,2,5\}$ 這個子集合，而剩下的元素 $3,4$，則會自動形成另一個集合 $\{3,4\}$。故可用以下等式表示這種分割方式。

$$\{1,2,3,4,5\} = \{1,2,5\} \cup \{3,4\} \quad \text{」}$$

蒂蒂：「哦……是這樣啊。」

我：「對這 5 個元素來說，每個元素有可能被選入或不被選入第一個集合，即每個元素有 2 種情形，故 5 個元素便有 $2 \times 2 \times 2 \times 2 \times 2 = 2^5 = 32$ 種情形。不過由於題目不允許分割出來的子集合為空集合，故要把《全被選入》與《全不被選入》第一個集合的情形扣掉。」

蒂蒂：「原來如此！所以就有 $32 - 2 = 30$ 種情形！」

我：「不對不對，剛才蒂蒂不是說過嗎，《不需考慮子集合的順序》是隱藏條件。若用我剛才說明的方法，將 $\{1, 2, 5\}$ 選入第一個集合，便會將原集合分割成 $\{1, 2, 5\} \cup \{3, 4\}$；若 $\{1, 2, 5\}$ 沒被選入第一個集合，便會將原集合分割成 $\{3, 4\} \cup \{1, 2, 5\}$，這兩個分割方式會被視為同一種。」

蒂蒂：「天啊！明明是人家自己發現的隱藏條件……所以說，要再除以重複程度 2 才是答案囉。」

我：「嗯，正是如此。所以答案是 $\begin{Bmatrix} 5 \\ 2 \end{Bmatrix} = (32 - 2) / 2 = 15$ 種分割方式對吧，米爾迦！」

米爾迦：「Exactly！」

測驗解答

r n	1	2	3	4	5
1	1	0	0	0	0
2	1	1	0	0	0
3	1	3	1	0	0
4	1	7	6	1	0
5	1	15			1

$$\left\{ {5 \atop 2} \right\} = 15$$

我：「原來如此啊……」

米爾迦：「稍微整理一下你剛才的想法，可以寫成一般式囉，
你看。」

$$\left\{ {n \atop 2} \right\} = \frac{2^n - 2}{2} = 2^{n-1} - 1$$

我：「真的耶……」

米爾迦：「我本來以為你看到 $\left\{ {n \atop 2} \right\}$ 數列的前 4 項，$0, 1, 3, 7, \cdots$
就會發現 $\left\{ {n \atop 2} \right\} = 2^{n-1} - 1$ 了。」

我：「唔……沒想到這裡還藏著提示。」

米爾迦：「找到規則，便能用來《看穿結構》。」

蒂蒂：「米爾迦學姊，那個……」

米爾迦：「怎麼了？」

蒂蒂：「我在想，$\begin{Bmatrix} 5 \\ 4 \end{Bmatrix}$ 該不會等於 10 吧？」

米爾迦：「正確答案，怎麼想到的？」

蒂蒂：「不、不好意思，是亂猜的。」

米爾迦：「猜的，為什麼會這樣猜呢？」

蒂蒂：「米爾迦學姊剛才說《找到規則，便能用來《看穿結構》，於是我試著從斜向數字找規則。這些數字分別是 1, 3, 6, …就想到，啊！該不會是《三角數》吧。」

n \ r	1	2	3	4	5
1	1	0	0	0	0
2	1	1	0	0	0
3	1	3	1	0	0
4	1	7	6	1	0
5	1	15		?	1

1, 3, 6, …是三角數？

我：「確實如此！」

1	3	6	10	15	21	28

三角數

米爾迦：取階差數列，應該也能發現才對。加2、再加3、再加4……」

蒂蒂：「所以，$\left\{ \begin{matrix} 5 \\ 4 \end{matrix} \right\} = 10$ 只是我亂猜出來的。」

米爾迦：「是猜想。」

我：「只要能證明這個猜想就行囉。三角數可以用 $\dfrac{n(n-1)}{2}$ 來
　　表示，所以就是要證明

$$\begin{Bmatrix} n \\ n-1 \end{Bmatrix} = \frac{n(n-1)}{2}$$

　　對吧。」

米爾迦：「把等式右邊改成 $\dbinom{n}{2}$ 的形式比較好。」

測驗

請證明以下等式成立（n 為大於等於 2 的整數）。

$$\begin{Bmatrix} n \\ n-1 \end{Bmatrix} = \binom{n}{2}$$

蒂蒂：「那、那個……這兩種形式有什麼不一樣嗎？」

我：「因為 $\dbinom{n}{2} = \dfrac{n \cdot (n-1)}{2 \cdot 1} = \dfrac{n(n-1)}{2}$，所以意思一樣。」

米爾迦：「這樣就能以組合詮釋，證明起來比較輕鬆，你看。」

測驗的解答

《將 n 個元素分割成 r 個子集合》，等於在決定《從 n 個元素中選出 2 個元素組成一個集合》要選出哪 2 個元素。因此 $\left\{ {n \atop n-1} \right\}$ 等於《從 n 個元素中選出 2 個元素的組合數》，換言之，以下等式成立。

$$\left\{ {n \atop n-1} \right\} = \binom{n}{2}$$

我：「原來如此！」

蒂蒂：「咦、咦咦⋯⋯那如果是 $n=4, r=3$ 呢？」

米爾迦：「就是卡片上的例子囉。」

$$
\begin{aligned}
\{1,2,3,4\} &= \{1,2\} \cup \{3\} \cup \{4\} &\quad \text{選出} \{1,2\} \\
&= \{1,3\} \cup \{2\} \cup \{4\} &\quad \text{選出} \{1,3\} \\
&= \{1,4\} \cup \{2\} \cup \{3\} &\quad \text{選出} \{1,4\} \\
&= \{1\} \cup \{2,3\} \cup \{4\} &\quad \text{選出} \{2,3\} \\
&= \{1\} \cup \{2,4\} \cup \{3\} &\quad \text{選出} \{2,4\} \\
&= \{1\} \cup \{2\} \cup \{3,4\} &\quad \text{選出} \{3,4\}
\end{aligned}
$$

蒂蒂：「真的耶！就是從 4 個元素中選出 2 個元素。所以 $\left\{ {5 \atop 4} \right\} = 10$！」

我：「終於剩最後一個空格了。」

n \ r	1	2	3	4	5
1	1	0	0	0	0
2	1	1	0	0	0
3	1	3	1	0	0
4	1	7	6	1	0
5	1	15	?	10	1

米爾迦：「最後一個空格用一般性的方法思考較容易理解。」

蒂蒂：「所謂的一般性，具體來說是什麼意思呢？」

我：「這個問題聽起來有點奇怪，實際上問得很好。」

米爾迦：「具體來說，就是想辦法拼湊 $\begin{Bmatrix} n \\ r \end{Bmatrix}$ 的遞迴式。」

我：「遞迴式啊！」

蒂蒂：「這樣啊……」

米爾迦：「可以這樣想，$\begin{Bmatrix} n \\ r \end{Bmatrix}$ 是將 n 個元素分割成 r 個子集合。但這次我們先以其中一個元素為依據來分類，假設是 1 這個元素。」

蒂蒂：「……難道說，要把這個 1 當成《國王》嗎！？」

米爾迦：「沒錯，這就像是蒂蒂喜歡的《固定其中 1 人的位置》。假設 1 是蒂蒂所說的《國王》，那麼所有可能的分割方式就可分為《1 單獨成為一個子集合》，以及《1 與其他元素組成一個子集合》2 種情形。」

以 1 為依據將分割方式分為 2 種

《1 單獨成為一個子集合》

$$\{1\} \cup \cdots$$

《1 與其他元素組成一個子集合》

$$\{1, \cdots\} \cup \cdots$$

我：「原來如此……」

米爾迦：「我們想求 $\begin{Bmatrix} n \\ r \end{Bmatrix}$ 是多少，故要先求《1 單獨成為一個子集合》時有幾種分割方式。」

我：「求的出來嗎……啊，可以！就是 $\begin{Bmatrix} n-1 \\ r-1 \end{Bmatrix}$ 對吧！」

蒂蒂：「為什麼那麼快就求出來了呢！？」

我：「如果先拿掉國王，會剩下 $n-1$ 個元素。由於國王自己 1 人已形成了 1 個子集合，故只要再分割出 $r-1$ 個子集合，就能滿足題目條件了。」

蒂蒂：「啊！」

我：「嗯，所以會等於『將 $n-1$ 個元素分割成 $r-1$ 個子集合的分割方法數』……也就是 $\begin{Bmatrix} n-1 \\ r-1 \end{Bmatrix}$。」

米爾迦：「沒錯。」

蒂蒂：「原、原來如此……這就是《國王單獨 1 人》時，可能的分割方法數囉。」

米爾迦：「接著，另一類分割方式，《1 與其他元素組成一個子集合》時，又有幾種分割方法呢？」

蒂蒂：「難道這次要算 $\begin{Bmatrix} n-1 \\ r \end{Bmatrix}$ 嗎？」

米爾迦：「為何？」

蒂蒂：「要將寂寞的國王丟進其他集合與別人作伴。所以國王以外的 $n-1$ 人，可以分割成 r 個子集合。」

我：「不對喔，蒂蒂。可惜這不是正確答案。拿掉 1 位國王，將剩下來的 $n-1$ 人分割成 r 個子集合，到這裡都還沒問題。然而，國王最後可能會被分到 r 個子集合中的任一集合，所以最後要再乘以 r。」

蒂蒂：「啊！」

米爾迦：「沒錯。所以《1 與其他元素組成一個子集合》的切割方法數為 $r\begin{Bmatrix} n-1 \\ r \end{Bmatrix}$。再把《1 單獨成為一個子集合》的情形加進來，便會等於 $\begin{Bmatrix} n \\ r \end{Bmatrix}$。」

我：「這的確可以寫成遞迴式！就像這樣吧！」

$\begin{Bmatrix} n \\ r \end{Bmatrix}$ 的遞迴式

$$\begin{Bmatrix} n \\ r \end{Bmatrix} = \begin{Bmatrix} n-1 \\ r-1 \end{Bmatrix} + r\begin{Bmatrix} n-1 \\ r \end{Bmatrix}$$

米爾迦：「Exactly。」

蒂蒂：「遞迴式……」

米爾迦：「再來就用熱騰騰的公式，來求 $\begin{Bmatrix} 5 \\ 3 \end{Bmatrix}$。」

$$\begin{aligned}
\begin{Bmatrix} n \\ r \end{Bmatrix} &= \begin{Bmatrix} n-1 \\ r-1 \end{Bmatrix} + r\begin{Bmatrix} n-1 \\ r \end{Bmatrix} \qquad &\text{遞迴式} \\
\begin{Bmatrix} 5 \\ 3 \end{Bmatrix} &= \begin{Bmatrix} 5-1 \\ 3-1 \end{Bmatrix} + 3\begin{Bmatrix} 5-1 \\ 3 \end{Bmatrix} \qquad &\text{將 } n=5, r=3 \text{ 代入} \\
&= \begin{Bmatrix} 4 \\ 2 \end{Bmatrix} + 3\begin{Bmatrix} 4 \\ 3 \end{Bmatrix} \qquad &\text{由表中得知} \\
&= 7 + 3 \cdot 6 \\
&= 25
\end{aligned}$$

n\r	1	2	3	4	5
1	1	0	0	0	0
2	1	1	0	0	0
3	1	3	1	0	0
4	1	7	6	1	0
5	1	15	25	10	1

利用遞迴式完成這張表

蒂蒂：「這個……這個看起來好像巴斯卡三角形喔。」

我：「的確有幾分相似呢。」

米爾迦：「唯一不同的地方在於，將左上方與正上方的數字相加時，正上方的數字需再乘以 r。」

我：「原來如此。這樣就不需把所有切割集合的方式都列出來，只要利用這條遞迴式，就能由上而下求得每個數字，填好這張表了。」

蒂蒂：「這樣就填好了！」

村木老師給的卡片（解答）

n \ r	1	2	3	4	5
1	1	0	0	0	0
2	1	1	0	0	0
3	1	3	1	0	0
4	1	7	6	1	0
5	1	15	25	10	1

我：「米爾迦太強了。」

　　米爾迦沒回應什麼，只是向我瞥了一眼，便開始在筆記本上寫下數學式。

$$\left\{ {n \atop r} \right\} = \sum_{k=1}^{n-1} \binom{n-1}{k} \left\{ {k \atop r-1} \right\}$$

米爾迦：「巴斯卡三角形可以用來產生組合數 $\binom{n}{r}$，而這題的 $\left\{ {n \atop r} \right\}$ 則和組合數 $\binom{n}{r}$ 有這樣的關係。」

$\binom{n}{r}$ 與 $\left\{ \begin{matrix} n \\ r \end{matrix} \right\}$ 的關係

$$\left\{ \begin{matrix} n \\ r \end{matrix} \right\} = \sum_{k=1}^{n-1} \binom{n-1}{k} \left\{ \begin{matrix} k \\ r-1 \end{matrix} \right\}$$

※其中，$n > 1, r > 1$

蒂蒂：「哇！又出現複雜的數學式了。」

我：「如果把 Σ 展開──會變成這樣嗎？」

$\left\{ {n \atop r} \right\}$ 與 $\left({n \atop r} \right)$ 的關係

$$\left\{ {n \atop r} \right\} = \binom{n-1}{1} \left\{ {1 \atop r-1} \right\}$$
$$+ \binom{n-1}{2} \left\{ {2 \atop r-1} \right\}$$
$$+ \binom{n-1}{3} \left\{ {3 \atop r-1} \right\}$$
$$+ \cdots$$
$$+ \binom{n-1}{k} \left\{ {k \atop r-1} \right\}$$
$$+ \cdots$$
$$+ \binom{n-1}{n-1} \left\{ {n-1 \atop r-1} \right\}$$

※其中，$n > 1, r > 1$

米爾迦：「沒錯。」

我：「我來驗算一下吧，當 $n=4, r=3$ 的時候……」

$$
\begin{aligned}
\text{等號左邊} &= \begin{Bmatrix} 4 \\ 3 \end{Bmatrix} \\
&= 6 \\
\text{等號右邊} &= \binom{4-1}{1}\begin{Bmatrix} 1 \\ 3-1 \end{Bmatrix} + \binom{4-1}{2}\begin{Bmatrix} 2 \\ 3-1 \end{Bmatrix} + \binom{4-1}{3}\begin{Bmatrix} 3 \\ 3-1 \end{Bmatrix} \\
&= \binom{3}{1}\begin{Bmatrix} 1 \\ 2 \end{Bmatrix} + \binom{3}{2}\begin{Bmatrix} 2 \\ 2 \end{Bmatrix} + \binom{3}{3}\begin{Bmatrix} 3 \\ 2 \end{Bmatrix} \\
&= \frac{3}{1}\begin{Bmatrix} 1 \\ 2 \end{Bmatrix} + \frac{3 \cdot 2}{2 \cdot 1}\begin{Bmatrix} 2 \\ 2 \end{Bmatrix} + \frac{3 \cdot 2 \cdot 1}{3 \cdot 2 \cdot 1}\begin{Bmatrix} 3 \\ 2 \end{Bmatrix} \\
&= 3 \cdot 0 + 3 \cdot 1 + 1 \cdot 3 \\
&= 6
\end{aligned}
$$

我：「確實等號兩邊都是 6，等式成立。」

蒂蒂：「好神奇……」

米爾迦：「想一想就知道了。拿 Σ 裡的 $\binom{n-1}{k}\begin{Bmatrix} k \\ r-1 \end{Bmatrix}$ 來說吧，這個式子的本質用一句話就能交代完畢。」

蒂蒂：「是什麼呢？」

米爾迦：「這個式子表示：當《國王的敵人有 k 人》，有幾種分割方式。」

我：「哦！」

蒂蒂：「國王的敵人？」

米爾迦：「總共有 n 人，除了代表《國王》的『1』以外，還有 $n-1$ 人。當國王的敵人……也就是分割後《與『1』在不同

子集合內的人》有 k 人，要從 $n-1$ 人中選出 k 名敵人的方式共有 $\binom{n-1}{k}$ 種。」

我：「嗯嗯。」

蒂蒂：「……」

米爾迦：「國王的敵人有 k 人，就表示國王的同伴有 $n-k-1$ 人。《國王與他的同伴》會形成 1 個子集合。」

我：「哦……那其他子集合都是敵人囉。」

米爾迦：而國王的 k 個敵人，則會被分割成 $r-1$ 個子集合。由先前的定義，分割方式有 $\begin{Bmatrix} k \\ r-1 \end{Bmatrix}$ 種。」

我：「在把這兩個相乘就行了！」

米爾迦：「沒錯。因此，當《國王的敵人有 k 人》，分割方式共有 $\binom{n-1}{k}\begin{Bmatrix} k \\ r-1 \end{Bmatrix}$ 種。」

蒂蒂：「……」

我：「再來只要全部加起來就可以了。」

米爾迦：「是的。《國王的敵人》人數 $k=1, 2, 3, \cdots, n-1$，把這些情形都算出來並全部加起來，就能得到答案。」

$\binom{n}{r}$ 與 $\left\{\begin{matrix} n \\ r \end{matrix}\right\}$ 的關係

$$\left\{\begin{matrix} n \\ r \end{matrix}\right\} = \sum_{k=1}^{n-1} \binom{n-1}{k} \left\{\begin{matrix} k \\ r-1 \end{matrix}\right\}$$

※其中，$n > 1, r > 1$

蒂蒂：「有些複雜耶……人家雖然，還不完全了解這個數學式的意義，但總覺得稍微明白《思考本身的意義》是什麼了。」

我：「思考本身的意義？」

蒂蒂：「是的。決定國王、設國王有 1 名、與同伴形成一個子集合、將敵人分割成其它子集合……每一段敘述都有數學式與之對應。算出不同情形時各有幾種分割方法再全部加起來，就能得到總共有幾種分割方法。」

米爾迦：「這就是以組合詮釋解題過程。若能以組合詮釋解題過程，便能證明與『可能情形數』有關的等式會成立。」

蒂蒂：「以組合詮釋……」

米爾迦：「如果只看數學式會很難理解的話，不妨試著以組合詮釋題意，理解上或許會有進展。」

瑞谷老師：「放學時間到了。」

在管理圖書館的瑞谷老師的宣告下,我們的數學雜談告了一個段落。

排列組合,足以讓我們討論到忘了時間。

本章中登場的 $\left\{ \begin{matrix} n \\ r \end{matrix} \right\}$,也被稱作「第 2 類 Stirling 數」(Stirling subset numbers)。

參考文獻

- John Horton Conway, Richard Kenneth Guy, "The book of numbers", Copernicus, 1995
- Donald E. Knuth, Oren Patashnik, Ronald L. Graham, "Concrete Mathematics: A Foundation for Computer Science", Addison-Wesley, 1994
- Donald E. Knuth, "The Art of Computer Programming, Vol.4A", Addison-Wesley, 2011

「為了多瞭解這個世界,一起來繪製地圖吧。」

第 5 章的問題

●問題 5-1（有幾種單射函數）

我們曾在 p. 216 頁提到單射函數。設已知兩集合，分別
是有 3 個元素的 $X = \{1, 2, 3\}$，與有 4 個元素的 $Y = \{A, B, C, D\}$。X 至 Y 為單射函數關係，下圖為兩種可能的元素
對應情形。

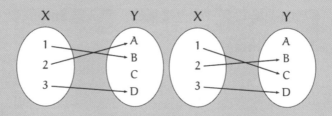

試求 X 至 Y 的單射函數有幾種對應方式。

（答案在 p. 299 頁）

●問題 5-2（有幾種映成函數）

我們曾在 p. 217 頁提到單射函數。設已知兩集合，分別
是有 5 個元素的 X= {1, 2, 3, 4, 5}，與有 2 個元素的 Y=
{A, B}。X 至 Y 為映成函數關係，下圖為兩種可能的元素
對應情形。

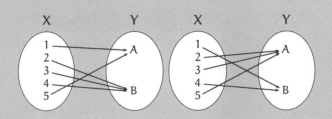

試求 X 至 Y 的映成函數有幾種對應方式。

（答案在 p. 301 頁）

●問題 5-3（集合的分割）

正文有提到，將 n 個元素分割成 r 個非空集合的子集合時，有 $\begin{Bmatrix} n \\ r \end{Bmatrix}$ 種分割方法。若我們在村木老師的卡片上的表多加一行一列，請試著完成這張表。

n＼r	1	2	3	4	5	6
1	1	0	0	0	0	0
2	1	1	0	0	0	0
3	1		1	0	0	0
4	1			1	0	0
5	1				1	0
6	1					1

（答案在 p. 303 頁）

尾聲

　　某日某時，在數學資料室內。

少女：「哇，好多奇妙的東西。」

老師：「是啊。」

少女：「老師，這是什麼呢？」

　　＋＋＋－－－　　＋＋－＋－－　　＋＋－－＋－　　＋－＋＋－－　　＋－＋－＋－

老師：「你覺得是什麼呢？」

少女：「是各拿 3 個"＋"和"－"排成一列嗎？」

老師：「不只如此喔。還有個條件是：從最左邊一一累積起來，
　　　《"＋"的個數一定大於等於"－"的個數》。」

　　（（（）））　　（（）（）　　（（））（　　（）（（）　　（）（）（）

少女：「這個條件有什麼意義呢？」

老師：「看看這個吧。」

少女：「把"＋"換成"（"，而"－"換成"）"嗎？」

老師：「沒錯，我們賦予它們這樣的對應關係。換成括弧，剛才的條件也可寫成《左括弧和右括弧必會彼此呼應》。」

少女：「老師，這是什麼呢？」

老師：「你覺得是什麼呢？」

少女：「把山從大到小的順序一一寫出來……我知道了，老師。是把＋換成↗、－換成↘嗎？」

老師：「沒錯，我們可以像這樣建立對應關係。3個↗和3個↘排成一列，假設不能潛入地下，共有5種排列方式，因為卡特蘭數 $C_3 = 5$。」

少女：「那寫成這種對應方式也可以吧？」

$$
\begin{array}{lcl}
+++-- & \longleftrightarrow & 1+1+1+1-1-1-1 \\
++-+- & \longleftrightarrow & 1+1+1-1+1-1-1 \\
++--+ & \longleftrightarrow & 1+1+1-1-1+1-1 \\
+-++-- & \longleftrightarrow & 1+1-1+1+1-1-1 \\
+-+-+- & \longleftrightarrow & 1+1-1+1-1+1-1
\end{array}
$$

老師：「這麼說沒錯。如果把1填入這些加減號之間，會發現《加減途中的總和一定為正，且最後會變成0》的數學式。

假設是 $1+1-1+1+1-1-1-1$，則計算結果依序如下
每一步加或減的答案，$1, 2, 1, 2, 3, 2, 1$ 都大於 0。」

$$
\begin{cases}
1 = \boxed{1} \\
1+1 = \boxed{2} \\
1+1-1 = \boxed{1} \\
1+1-1+1 = \boxed{2} \\
1+1-1+1+1 = \boxed{3} \\
1+1-1+1+1-1 = \boxed{2} \\
1+1-1+1+1-1-1 = \boxed{1} \\
1+1-1+1+1-1-1-1 = 0
\end{cases}
$$

少女：「所以像 $\langle 1, 2, 1, 2, 3, 2, 1 \rangle$ 這樣的「排列」也會有 $C_3 = 5$
種囉？」

$$
\begin{array}{lcl}
1+1+1+1-1-1-1 & \leftarrow\text{----}\rightarrow & \langle 1, 2, 3, 4, 3, 2, 1 \rangle \\
1+1+1-1+1-1-1 & \leftarrow\text{----}\rightarrow & \langle 1, 2, 3, 2, 3, 2, 1 \rangle \\
1+1+1-1-1+1-1 & \leftarrow\text{----}\rightarrow & \langle 1, 2, 3, 2, 1, 2, 1 \rangle \\
1+1-1+1+1-1-1 & \leftarrow\text{----}\rightarrow & \langle 1, 2, 1, 2, 3, 2, 1 \rangle \\
1+1-1+1-1+1-1 & \leftarrow\text{----}\rightarrow & \langle 1, 2, 1, 2, 1, 2, 1 \rangle
\end{array}
$$

老師：「沒錯。能注意到這點很厲害喔！」

少女：「找出對應關係就知道了啊！」

老師：「把開頭的 $1, 2$ 和結尾的 $2, 1$ 去掉也行喔。」

$$
\begin{array}{lcl}
\langle \underline{1, 2}, 3, 4, 3, \underline{2, 1} \rangle & \leftarrow\text{----}\rightarrow & \langle 3, 4, 3 \rangle \\
\langle \underline{1, 2}, 3, 2, 3, \underline{2, 1} \rangle & \leftarrow\text{----}\rightarrow & \langle 3, 2, 3 \rangle \\
\langle \underline{1, 2}, 3, 2, 1, \underline{2, 1} \rangle & \leftarrow\text{----}\rightarrow & \langle 3, 2, 1 \rangle \\
\langle \underline{1, 2}, 1, 2, 3, \underline{2, 1} \rangle & \leftarrow\text{----}\rightarrow & \langle 1, 2, 3 \rangle \\
\langle \underline{1, 2}, 1, 2, 1, \underline{2, 1} \rangle & \leftarrow\text{----}\rightarrow & \langle 1, 2, 1 \rangle
\end{array}
$$

少女：「那這些數字的排列又有什麼意義呢？」

$$\langle 3,4,3 \rangle \quad \langle 3,2,3 \rangle \quad \langle 3,2,1 \rangle \quad \langle 1,2,3 \rangle \quad \langle 1,2,1 \rangle$$

老師：「嗯，這樣看不太出所以然呢，先把它轉回圖形吧。這
　　　些數字表示點的個數喔。」

少女：「……」

老師：「最左邊和最右邊不是 3 就是 1，而中間的數字必定與
　　　相鄰兩邊相差 1。」

少女：「老師，把 1, 2 和 2, 1 削去的動作，是否等同於把最左
　　　邊的"＋"和最右邊的"－"削去呢？」

$$
\begin{array}{lcl}
+++-- & \longleftarrow---\rightarrow & ++-- \\
++-+- & \longleftarrow---\rightarrow & +-+- \\
++--+ & \longleftarrow---\rightarrow & +--+ \\
+-++- & \longleftarrow---\rightarrow & -++- \\
+-+-+ & \longleftarrow---\rightarrow & -+-+ \\
\end{array}
$$

老師：「是啊。」

少女：「然後會越來越大！」

老師：「越來越大？」

少女：「縱向排列比較容易看出來吧！」

```
++--
+-+-
+--+
-++-
-+-+
```

老師：「這樣能看出什麼呢？」

少女：「看出規則啊。由＋和－排列出來的東西，會照著某個規則排出由小到大的順序。」

老師：「？」

少女：「把＋換成 0、－換成 1，並把它們視為 2 進位數，就可以得到一個小小的遞增數列。」

$$
\begin{array}{lll}
++-- & \longleftrightarrow & 0011_2 = 3_{10} \\
+-+- & \longleftrightarrow & 0101_2 = 5_{10} \\
+--+ & \longleftrightarrow & 0110_2 = 6_{10} \\
-++- & \longleftrightarrow & 1001_2 = 9_{10} \\
-+-+ & \longleftrightarrow & 1010_2 = 10_{10}
\end{array}
$$

老師：「原來如此！我都沒發現到這點。」

少女：「遞增數列應該也有什麼意義才對⋯⋯這就是新的謎之數列！」

$$3 \quad 5 \quad 6 \quad 9 \quad 10$$

少女邊說著，「呵呵呵」地笑了出來。

【解答】

A   N   S   W   E   R   S

第 1 章的解答

●問題 1-1（環狀排列）

一個圓桌，圍繞 6 個座位。6 個人欲坐在這些座位上，共有幾種入座方式？

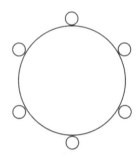

■解答 1-1

固定其中 1 人再求解（p. 37 頁提到的方法）。

固定其中 1 人的座位時，所求之入座方式數目，等於 5 人 (6－1＝5)時，一般排列的排列數。由

$$5! = 5 \times 4 \times 3 \times 2 \times 1 = 120 \text{ 可得}$$

共有 120 種入座方式。

答 120 種

另解

亦可除以重複次數求解（p. 37 頁提到的方法）。

6 人入座 6 個座位，原本應有 6!種入座方式。但若是圓桌，則各種入座方式都會重複被算到 6 次，故 6!要在除以重複次數 6 次

$$\frac{6!}{6} = 5! = 120$$

答案為 120 種入座方式。

答 120 種

●問題 1-2（豪華特別座）

一個圓桌，圍繞 6 個座位，其中 1 個座位是豪華特別座。

有 6 個人欲坐在這些座位上，共有幾種入座方式？

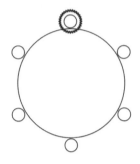

■解答 1-2

　　將特別座視為首席，依順時鐘順序將其他座位排列下來，可得到排成一列的 6 個座位。因此入座方式共有

$$6! = 6 \times 5 \times 4 \times 3 \times 2 \times 1 = 720$$

答案為 720 種入座方式。

答 720 種

另解

設 6 人分別為 A, B, C, D, E, F，將特別座分配給其中一人，並以分配給誰為依據，分成不同情形討論。

- 特別座分配給 A 時，
  剩下的 5 人共有 5!種入座方式。
- 特別座分配給 B 時，
  剩下的 5 人共有 5!種入座方式。
- 特別座分配給 C 時，
  剩下的 5 人共有 5!種入座方式。
- 特別座分配給 D 時，
  剩下的 5 人共有 5!種入座方式。
- 特別座分配給 E 時，
  剩下的 5 人共有 5!種入座方式。
- 特別座分配給 F 時，
  剩下的 5 人共有 5!種入座方式。

因此可得

$$6 \times 5! = 720$$

答案為 720 種入座方式。

答 720 種

●問題 1-3（念珠排列）

若將 6 個相異的寶石串成一圈，作成一個念珠串，可以串成幾種不同的念珠串？

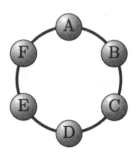

■解答 1-3

使用 p. 33 頁提到的方法。

6 個相異寶石串成一圈，可視為環狀排列，但翻面後相同的排列方式應視為同一種排列，以環狀排列的方式計算會重複2 次，故要再除以 2。因此列式如下

$$\frac{(6-1)!}{2} = \frac{5 \times 4 \times 3 \times 2 \times 1}{2} = 60$$

故可串成 60 種不同的念珠串。

答 60 種

第 2 章的解答

●問題 2-1（階乘）

請計算以下數值。

① 3!

② 8!

③ $\dfrac{100!}{98!}$

④ $\dfrac{(n+2)!}{n!}$　　n 為大於等於 0 的整數

■解答 2-1

① $3! = 3 \times 2 \times 1 = 6$

② $8! = 8 \times 7 \times 6 \times 5 \times 4 \times 3 \times 2 \times 1 = 40320$

③

$$\frac{100!}{98!} = \frac{100 \times 99 \times 98 \times \cdots \times 1}{98 \times \cdots \times 1}$$
$$= 100 \times 99 \qquad \text{以 } 98 \times \cdots \times 1 \text{ 約分}$$
$$= 9900$$

④

$$\frac{(n+2)!}{n!} = \frac{(n+2) \times (n+1) \times n \times \cdots \times 1}{n \times \cdots \times 1}$$
$$= \frac{(n+2)(n+1) \times n!}{n!}$$
$$= (n+2)(n+1) \qquad \text{以 } n! \text{ 約分}$$

●問題 2-2（組合）

若想從 8 位學生中選出 5 位學生作為籃球隊的選手，有幾種選擇的方式？

■解答 2-2

計算組合數 $\binom{8}{5}$。

$$\binom{8}{5} = \frac{8 \times 7 \times 6 \times 5 \times 4}{5 \times 4 \times 3 \times 2 \times 1}$$
$$= \frac{8 \times 7 \times 6}{3 \times 2 \times 1} \qquad \text{以 } 5 \times 4 \text{ 約分}$$
$$= 56$$

答 56 種

另解

　　將題目「從 8 位學生中選出 5 位學生作為籃球隊的選手」轉換成「從 8 位學生中選出 3 位學生作為籃球隊的選手」來思考，計算組合數 $\binom{8}{3}$ 如下。

$$\binom{8}{3} = \frac{8 \times 7 \times 6}{3 \times 2 \times 1}$$
$$= 56$$

答 56 種

●問題 2-3（分組）

如下圖，有 6 個字母繞成一個圓圈。

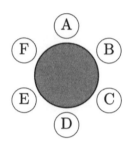

若想將這些字母分成 3 組，並限定相鄰字母才能在同一組，有幾種分組方式？以下為幾種分組的例子。

■解答 2-3

不以「分組」的角度思考，而是如下圖改用「插入隔板」的角度去想。

排列成環狀的 6 個字母有 6 個間隔，從這 6 個間隔中選出 3 個間隔插入隔板。故所求的分組方式數，即為 6 取 3 的組合數，如下

$$\binom{6}{3} = \frac{6 \times 5 \times 4}{3 \times 2 \times 1} = 20$$

共 20 種分組方式。

答 20 種

●問題 2-4（以組合詮釋）

下列等式的左邊表示「從 $n+1$ 人中選出 $r+1$ 人時的組合數」。若假設這 $n+1$ 人中有 1 人是《國王》，試以此解釋以下等式成立。

$$\binom{n+1}{r+1} = \binom{n}{r} + \binom{n}{r+1}$$

其中，n, r 皆為大於等於 0 的整數，且 $n \geq r+1$。

■解答 2-4

欲求「從 $n+1$ 人中選出 $r+1$ 人時的組合數」時，可用『選出來的 $r+1$ 人中是否包含《國王》』作為依據，分成兩種情形討論。

◆狀況 1　『從 $n+1$ 人中選出來的 $r+1$ 人包含《國王》』時的組合數，與『從《國王》以外的 n 人中選出 r 人』時的組合數相同（因為已確定《國王》會被選中，故只要另外再選 r 人就行了）。皆有

$$\binom{n}{r}$$

種。

◆狀況 2 『從 $n+1$ 人中選出來的 $r+1$ 人不包含《國王》』時的組合數,與從『除《國王》外的 n 人中選出 $r+1$ 人』時的組合數相同。皆有

$$\binom{n}{r+1}$$

種。

因此下列等式成立。

$$\binom{n+1}{r+1} = \underbrace{\binom{n}{r}}_{\text{狀況 1}} + \underbrace{\binom{n}{r+1}}_{\text{狀況 2}}$$

第 3 章的解答

●問題 3-1（凡氏圖）

以下圖中兩個集合 A, B 為例，

請以凡氏圖來表示下列集合式所表示的集合。

① $\overline{A} \cap B$

② $A \cup \overline{B}$

③ $\overline{A} \cap \overline{B}$

④ $\overline{A \cup B}$

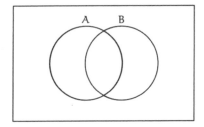

■解答 3-1（凡氏圖）

① $\overline{A} \cap B$

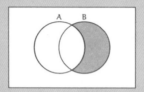

② $A \cup \overline{B}$

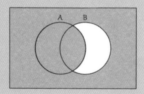

③ $\overline{A} \cap \overline{B}$

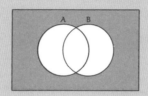

④ $\overline{A \cup B}$

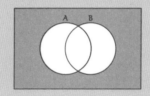

補充

有發現 3 和 4 的圖所表示的集合是同一個嗎？換句話說，對任意兩集合 A, B，以下等式恆成立。

$$\overline{A} \cap \overline{B} = \overline{A \cup B}$$

另外，以下等式亦恆成立。

$$\overline{A} \cup \overline{B} = \overline{A \cap B}$$

這兩條等式合起來稱作**笛摩根定律**。

●問題 3-2（交集）

設宇集 U 與 A, B 集合之定義如以下各子題描述，則各子題的交集 $A \cap B$ 分別表示哪些數的集合？

①
　　U =《大於等於 0 的所有整數之集合》
　　A =《所有 3 的倍數之集合》
　　B =《所有 5 的倍數之集合》

②
　　U =《大於等於 0 的所有整數之集合》
　　A =《所有 30 的因數之集合》
　　B =《所有 12 的因數的集合》

③
　　U =《由實數 x, y 組成的所有數對 (x, y) 之集合》
　　A =《滿足 $x + y = 5$ 的所有數對 (x, y) 之集合》
　　B =《滿足 $2x + 4y = 16$ 的所有數對 (x, y) 之集合》

④
　　U =《大於等於 0 的所有整數之集合》
　　A =《所有奇數的集合》
　　B =《所有偶數的集合》

■解答 3-2（交集）

①

將集合 A, B 的元素具體寫出可得

$$A = \{0, 3, 6, 9, 12, 15, 18, 21, 24, 27, 30, 33, \ldots\}$$
$$B = \{0, 5, 10, 15, 20, 25, 30, 35, \ldots\}$$

故 A 與 B 的交集 $A \cap B$ 為

$$A \cap B = \{0, 15, 30, \ldots\}$$

亦可用以下描述定義這個交集。

$A \cap B =$《是 3 的倍數且是 5 的倍數之所有數的集合》
$A \cap B =$《3 與 5 之所有公倍數的集合》
$A \cap B =$《所有 15 的倍數之集合》

這裡提到的 15 為 3 和 5 的最小公倍數。

②

將集合 A, B 的元素具體寫出可得

$$A = \{1, 2, 3, 5, 6, 10, 15, 30\}$$
$$B = \{1, 2, 3, 4, 6, 12\}$$

故 A 與 B 的交集 $A \cap B$ 為

$$A \cap B = \{1, 2, 3, 6\}$$

亦可用以下描述定義這個交集。

$A \cap B = $《是 30 的因數且是 12 的因數之所有數的集合》

$A \cap B = $《30 與 12 之所有公因數的集合》

$A \cap B = $《所有 6 的因數之集合》

這裡提到的 6 為 30 和 12 的最大公因數。

③

集合 A 為《滿足 $x+y=5$ 的所有數對 (x,y) 之集合》。即為座標平面中，直線 $x+y=5$ 上的所有點 (x,y) 的集合。

集合 B 為《滿足 $2x+4y=16$ 的所有數對 (x,y) 之集合》。即為座標平面中，直線 $2x+4y=16$ 上的所有點 (x,y) 的集合。

因此 A 與 B 的交集 $A \cap B$ 即為這兩條直線的交點。

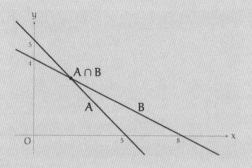

解下列聯立方程式，

$$\begin{cases} x + y = 5 \\ 2x + 4y = 16 \end{cases}$$

可得交點 $(x,y)=(2,3)$。

因此，

$$A \cap B = 《僅含元素 (2, 3) 的集合》$$

亦可寫為

$$A \cap B = \{(2, 3)\}$$

④

將集合 A, B 的元素具體寫出可得

$$A = \{1, 3, 5, 7, 9, 11, 13, \ldots\}$$
$$B = \{0, 2, 4, 6, 8, 10, 12, \ldots\}$$

可看出 A 與 B 的交集 $A \cap B$ 不包含任何元素。因此

$$A \cap B = \quad 《空集合》$$

亦可寫為

$$A \cap B = \{\}$$
$$A \cap B = \varnothing$$

問題 3-3（聯集）

設宇集 U 與 A, B 集合之定義如以下各子題描述，則各子題的聯集 $A \cup B$ 分別表示哪些數的集合？

①
 $U =$《大於等於 0 的所有整數之集合》
 $A =$《所有除以 3 餘 1 的數之集合》
 $B =$《所有除以 3 餘 2 的數之集合》

②
 $U =$《所有實數的集合》
 $A =$《滿足 $x^2 < 4$ 的所有實數 x 之集合》
 $B =$《滿足 $x \geq 0$ 的所有實數 x 之集合》

③
 $U =$《大於等於 0 的所有整數之集合》
 $A =$《所有奇數的集合》
 $B =$《所有偶數的集合》

■解答 3-3

①

將集合 A, B 的元素具體寫出可得

$$A = \{1, 4, 7, 10, \ldots\}$$
$$B = \{2, 5, 8, 11, \ldots\}$$

故 A 與 B 的聯集 $A \cup B$ 為

$$A \cup B = \{1, 2, 4, 5, 7, 8, 10, 11 \ldots\}$$

亦可用以下描述定義這個聯集。

$A \cup B =$《所有除以 3 餘 1 或餘 2 的數之集合》

$A \cup B =$《所有無法被 3 整除的數之集合》

$A \cup B =$《所有非 3 的倍數之集合》

$A \cup B =$《所有 3 的倍數之集合之補集合》

②

集合 A 為《滿足 $x^2 < 4$ 的所有實數 x 之集合》，也可說是《滿足 $-2 < x < 2$ 的所有實數 x 之集合》。集合 A, B 的聯集 $A \cup B$ 可以用圖表示如下，

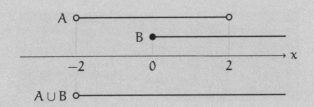

故集合 $A \cup B$ 為

$A \cup B =$《滿足 $x > -2$ 的所有實數 x 之集合》

亦可寫成

$$A \cup B = \{x \mid x > -2\}$$

③

將集合 A, B 的元素具體寫出可得

$$A = \{1, 3, 5, 7, 9, 11, 13, \ldots\}$$
$$B = \{0, 2, 4, 6, 8, 10, 12, \ldots\}$$

因此

$$A \cup B = \{0, 1, 2, 3, 4, 5, \ldots\}$$

換言之，A 與 B 的聯集 $A \cup B$ 與宇集 U 相等。

$$A \cup B = U$$

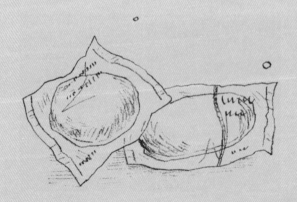

第 4 章的解答

●問題 4-1（所有握手情形）

p.175 頁中，蒂蒂本來想畫出 8 人握手的所有配對情形，
但沒畫出來。請你試著畫出這些情形，共 14 種。

■解答 4-1

　如下圖所示，此為以《 A 與誰握手》為判斷依據，將所有
握手配對情形分類。

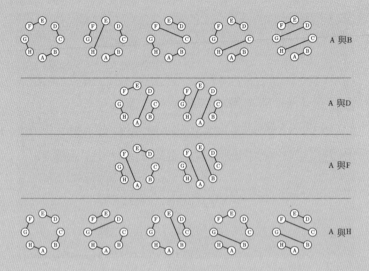

A 與 B

A 與D

A 與F

A 與H

A 與誰握手

●問題 4-2（棋盤狀道路）

一個 4×4 的棋盤狀道路如下圖，若想從 S 經過這些道路到 G，共有幾種最短路徑？需注意不可穿過河流。

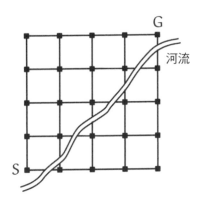

■解答 4-2

走到任一十字路口的最短路徑數，等於走到它左邊的十字路口的最短路徑數，再加上走到它下面的十字路口的最短路徑數。如下圖，從 S 開始依照順序記下每個十字路口的最短路徑數，便可得知走到 G 的最短路徑數共有 14 種。

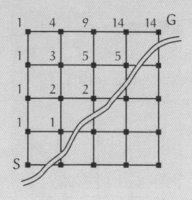

答 14 種

另解

　　將不穿過河流的路徑單獨列出，並轉換成往上或往右的路
徑，可得到下圖。將往上的路徑想成↗，往右的路徑想成↘，
則與第 4 章的《路徑問題》相同。因此，所求的路徑數等於卡
特蘭數 $C_4 = 14$。

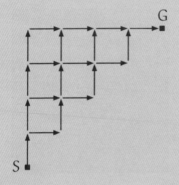

<u>答 14 種</u>

●問題 4-3（硬幣的排列）

設一開始有數枚硬幣排成一列，再於上面堆疊新的硬幣，並規定，同一層需有 2 枚相鄰硬幣，才能在上面堆疊 1 枚新的硬幣，我們想知道共有幾種堆疊方式。以下圖為例，若底部有 3 枚硬幣，則堆疊方式有以下 5 種。

如果一開始有 4 枚硬幣排成一列，那麼會有幾種堆疊方式呢？

■解答 4-3

以三角形置換硬幣，視其為一座座『山』，並以箭頭表示上下山。這麼一來，硬幣的排列方式便可對應到上、下山箭頭的排列方式。若底部有 3 枚硬幣，則與這 5 種堆疊方式對應的『山』如下圖所示。

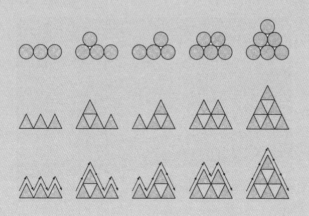

可以看出這和第 4 章的《路徑問題》相同。因此，當底部有 4 枚硬幣，硬幣的排列方式會等於卡特蘭數 $C_4 = 14$。

答 14 種

●問題 4-4（贊成、反對）

滿足以下條件的數組 $\langle b_1, b_2, \cdots, b_8 \rangle$ 共有幾個？

$$
\begin{cases}
b_1 \geqq 0 \\
b_1 + b_2 \geqq 0 \\
b_1 + b_2 + b_3 \geqq 0 \\
b_1 + b_2 + b_3 + b_4 \geqq 0 \\
b_1 + b_2 + b_3 + b_4 + b_5 \geqq 0 \\
b_1 + b_2 + b_3 + b_4 + b_5 + b_6 \geqq 0 \\
b_1 + b_2 + b_3 + b_4 + b_5 + b_6 + b_7 \geqq 0 \\
b_1 + b_2 + b_3 + b_4 + b_5 + b_6 + b_7 + b_8 = 0 \quad （等號） \\
b_1, b_2, \ldots, b_8 \text{ 皆為 } 1 \text{ 或} -1
\end{cases}
$$

■解答 4-4

　　將 1 視為↗、−1 視為↘，則可發現本題與第 4 章中的《路徑問題》相同。

　　$b_1, b_2, \cdots, b_8$ 皆為 1 或 −1，並滿足以下等式，

$$b_1 + b_2 + b_3 + b_4 + b_5 + b_6 + b_7 + b_8 = 0$$

　　故在 $b_1, b_2, \cdots, b_8$ 這 8 個數中，1 和 −1 的個數必相等，即↗和↘的數量必相等。

　　且以下條件，相當於路徑問題中『不得潛入地下』的要求。

$$\begin{cases} b_1 \geq 0 \\ b_1 + b_2 \geq 0 \\ b_1 + b_2 + b_3 \geq 0 \\ b_1 + b_2 + b_3 + b_4 \geq 0 \\ b_1 + b_2 + b_3 + b_4 + b_5 \geq 0 \\ b_1 + b_2 + b_3 + b_4 + b_5 + b_6 \geq 0 \\ b_1 + b_2 + b_3 + b_4 + b_5 + b_6 + b_7 \geq 0 \end{cases}$$

故所求數組 $\langle b_1, b_2, \cdots, b_8 \rangle$ 的個數，即為 $n=4$ 時的路徑數，與卡特蘭數 C_4 相等。因此，所求個數為 14 個。

答 14 個

補充

本題的條件也可解釋成：『8 人依序投出贊成票 (+1) 或反對票 (−1)，且任一人投完票時，反對票的數目皆不得大於贊成票，並在最後使贊成與反對的票數相同。』

●問題 4-5（先反射再計算）

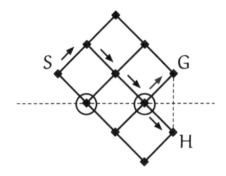

試試看 p. 189 頁中「我」所提到的方法吧。請將所有《從 S 出發，潛入地下再抵達 G 的路徑》轉換成《從 S 出發抵達 H 的路徑》。

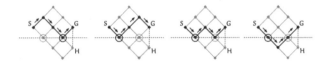

■解答 4-5

如下圖，把通過第一個◯之後碰到的↘和↗倒過來。

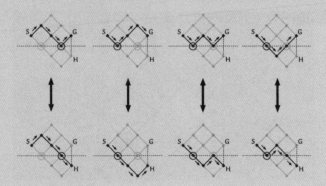

第 5 章的解答

●問題 5-1（有幾種單射函數）

我們曾在 p. 216 頁提到單射函數。設已知兩集合，分別為有 3 個元素的 $X = \{1, 2, 3\}$，與有 4 個元素的 $Y = \{A, B, C, D\}$。X 至 Y 為單射函數關係，下圖為兩種可能的元素對應情形。

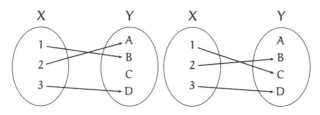

試求 X 至 Y 的單射函數有幾種對應方式。

■解答 5-1

考慮集合 X 的元素 1, 2, 3，各自對應到集合 Y 的元素 A, B, C, D。由於所求為單射函數的個數，故需注意別讓 X 的元素重複對應到 Y 的同一元素。

- 元素 1 可對應到 A, B, C, D 等 4 個元素中的任一元素。
- 不論元素 1 對應到哪個元素，元素 2 皆可對應到剩餘 3 個元素中的任一元素。

- 不論元素 1, 2 分別對應到哪個元素，元素 3 皆可對應到剩餘 2 元素中的任一元素。

因此，所求的單射函數個數為

$$4 \times 3 \times 2 = 24$$

答 24 個

另解

集合 X 有 3 個元素，而集合 Y 有 4 個元素。故若 X 至 Y 為單射函數，則未被 Y 的元素中必有 $4 - 3 = 1$ 個元素未被 X 中的任一元素對應到。設此未被對應到的元素為 y，則 y 有 4 種可能。

設集合 Y 除去元素 y 之後，剩餘的元素構成集合 Y'，則由集合 X 至集合 Y 的單射函數，相當於由集合 X 至集合 Y' 的對射函數。因為是 3 個元素的對射關係，故可能的對射函數個數為 $3 \times 2 \times 1$ 個。

因此，所求之單射函數個數為

$$4 \times (3 \times 2 \times 1) = 24$$

答 24 個

●問題 5-2（有幾種映成函數）

我們曾在 p. 217 頁提到單射函數。設已知兩集合，分別為有 5 個元素的 $X = \{1, 2, 3, 4, 5\}$，與有 2 個元素的 $Y = \{A, B\}$。X 至 Y 為映成函數關係，下圖為兩種可能的元素對應情形。

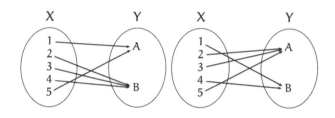

試求 X 至 Y 的映成函數有幾種對應方式。

■解答 5-2

首先求出由集合 X 至集合 Y 的對應關係總共有幾種。

集合 X 的元素 1，可能對應到集合 Y 的元素 A 或 B，故元素 1 有 2 種對應方式。同理，元素 2 亦可對應到 A 或 B。依此類推，集合 X 內的 5 個元素對應到集合 Y 時皆分別有 2 種可能的對應方式，故總共有 2^5 種對應關係。

由於本題要求的是映成函數，而以下 2 種情形不符合映成函數的條件，不能被算在內。（因為映成函數不得有任一元素未被對應到）

- 集合 X 內的所有元素皆對應到 A
- 集合 Y 內的所有元素皆對應到 B

因此，所求之映成函數個數為

$$2^5 - 2 = 30$$

答 30 個

另解

　　所求之映成函數個數等於：將集合 X 切成 2 個非空集合的子集合，並令這 2 個子集合分別為 A 與 B 時，有幾種可能的分配方式。因此可由下式算得答案。

$$\begin{Bmatrix} 5 \\ 2 \end{Bmatrix} \times 2 = 15 \times 2 = 30$$

答 30 個

●問題 5-3（集合的分割）

正文有提到，將 n 個元素分割成 r 個非空集合的子集合時，有 $\left\{ {n \atop r} \right\}$ 種分割方法。若我們在村木老師的卡片上的表多加一行一列，請試著完成這張表。

n \ r	1	2	3	4	5	6
1	1	0	0	0	0	0
2	1	1	0	0	0	0
3	1		1	0	0	0
4	1			1	0	0
5	1				1	0
6	1					1

■解答 5-3

答案如下。

r\n	1	2	3	4	5	6
1	1	0	0	0	0	0
2	1	1	0	0	0	0
3	1	3	1	0	0	0
4	1	7	6	1	0	0
5	1	15	25	10	1	0
6	1	31	90	65	15	1

　　要實際將它們分割成較小的子集合也不是不行，但當 n 和 r 變大時，計算會變得很費時間。我們可用第 5 章推得的遞迴式（p. 249 頁）

$$\left\{ {n \atop r} \right\} = \left\{ {n-1 \atop r-1} \right\} + r \left\{ {n-1 \atop r} \right\}$$

由上往下計算表中每一直行的數字。以 $\left\{ {n \atop 2} \right\}$ 為例，如下式

$$\left\{ {n \atop 2} \right\} = \underbrace{\left\{ {n-1 \atop 1} \right\}}_{\text{左上}} + 2 \times \underbrace{\left\{ {n-1 \atop 2} \right\}}_{\text{正上}}$$

可得到以下結果。

$$\begin{Bmatrix} 2 \\ 2 \end{Bmatrix} = 1$$

$$\begin{Bmatrix} 3 \\ 2 \end{Bmatrix} = 1 + 2 \times 1 = 3$$

$$\begin{Bmatrix} 4 \\ 2 \end{Bmatrix} = 1 + 2 \times 3 = 7$$

$$\begin{Bmatrix} 5 \\ 2 \end{Bmatrix} = 1 + 2 \times 7 = 15$$

$$\begin{Bmatrix} 6 \\ 2 \end{Bmatrix} = 1 + 2 \times 15 = 31$$

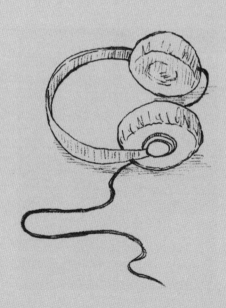

給想多思考一點的你

　　除了本書的數學雜談，為了「想多思考一些」的讀者，我們特別準備了一些研究問題。本書中不會寫出答案，且答案可能不只一個。

　　請試著獨自研究，或者找其他有興趣的同伴，一起思考這些問題吧。

第 1 章　別責備 Lazy Susan

●研究問題 1-X1（相鄰）

設有 n 人入座一圓桌（$n \geq 2$）。若其中 2 人的座位需相鄰，則有幾種入座方式？

●研究問題 1-X2（坐在一起）

設有 n 人入座一圓桌（$n \geq 2$）。若其中 k 人（$2 \leq k \leq n$）需坐在一起，則有幾種入座方式？請分別考慮以下⑴和⑵的情形。

⑴不區分此 k 人座位的相對位置，只要坐在一起就好。
⑵若 k 人座位相對位置不同，則視為不同的入座方式。

●研究問題 1-X3（有數個相同寶石的念珠串）

將 4 個寶石串成一圈作成念珠串，其中 2 個寶石彼此相同無法區分（也就是假設 4 個寶石為 A、A、B、C），請問可作出幾種念珠串？

注意：請實際畫下所有念珠的排列情形。

●研究問題 1-X4（樹狀圖）

在計算排列組合的題目時，常希望《沒有遺漏、沒有重複》。樹狀圖是很方便的工具，你覺得是為什麼呢？

第 2 章　好玩的組合

●研究問題 2-X1（排列組合）

下圖為從 5 人中選出 2 人時，各種《排列》與《組合》
結果。若改為從 5 人中選出三人，可畫出類似的示意圖
嗎？

從 5 人中選出 2 人的《排列》

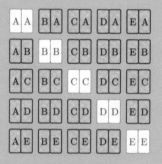

從 5 人中選出 2 人的《組合》

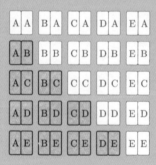

●研究問題 2-X2（巴斯卡三角形）

第 2 章中，我們從巴斯卡三角形中找出了許多數字排列的規則。請你也試著找找看其他有趣的規則吧。

●研究問題 2-X3（組合與重複次數）

從 n 人中選出 r 人的組合數可由下式求得

$$\frac{n!}{r!\,(n-r)!}$$

本式中的分母為 $r!$ 及 $(n-r)!$，有《除以重複次數》的意思，你認為這裡的重複次數指的是什麼呢？

第 3 章　凡氏圖的變化

●研究問題 3-X1（凡氏圖與 2 進位數）

第 3 章中，「我」和由梨將凡氏圖的各種圖樣與 2 進位
數的不同數字一一對應（p. 126 頁）。請問在求交集、聯
集、補集時，分別會對應到 2 進位數中的哪種計算呢？

●研究問題 3-X2（等號成立的條件）

第 3 章的解答 3（p. 144 頁）中出現以下不等式。請問在
哪些條件下，這幾個不等式的等號會成立？

$$|A| \geqq 0$$
$$|A \cap B| \leqq |A|$$
$$|A \cup B| \geqq |A|$$
$$|A \cup B| \leqq |A| + |B|$$

●研究問題 3-X3（一般化）

第 3 章中提到 3 個集合 A、B、C 的《元素個數關係式》
（p. 151 頁）。請試著寫出 4 個集合 A、B、C、D 時，類
似的關係式。同樣的，請將之推廣至 n 個集合 $A_1, A_2, \cdots, A_n$
的關係式。

●研究問題 3-X4（子集合的個數）

屬於集合 A，且內含元素個數大於等於 0 的集合，稱作 A
的子集合。設集合 A 為

$$A = \{1, 2, 4, 8\}$$

則以下集合皆為 A 的子集合。

$$\{\}$$
$$\{2\}$$
$$\{1, 8\}$$
$$\{1, 2, 4, 8\}$$

請問 A 的子集合共有幾個？

●研究問題 3-X5（找出規則）

第 3 章的解答 1（p. 122 頁），列出了 16 個凡氏圖。這 16 個圖樣的排列方式有一定規則，你看得出來是什麼規則嗎？

第 4 章　你會牽起誰的手？

●研究問題 4-X1（二元樹的個數）

下面這種圖形稱為二元樹。由上往下的數枝碰到○時會分成左右兩個樹枝，碰到■則表示抵達末端。請證明當○有 n 個時，二元樹的排列方式有 C_n 種，其中 C_n 為卡特蘭數。以下為 $n=3$ 的二元樹之示意圖（$C_3 = 5$ 種）。

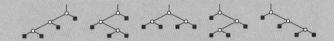

●研究問題 4-X2（金屬端子的連接方式）

以電線連接 n 個金屬端子，欲求其有幾種連接方式。若 $n=3$，所有連接方式的示意圖如下（共 5 種）。

任兩條電線不得交叉。舉例來說，若 $n=4$，下圖（左）這種有交叉的連接方式，視同於下圖（右）的連接方式。

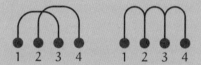

下圖這種跨越其他電線的連接方式則沒有問題。

請證明連接方式的數目，與卡特蘭數 C_n 相同。

●研究問題 4-X3（握手配對的排列）

尾聲（p. 261 頁）的最後，少女提出了一個謎之數列。請利用這個數列，列出問題 4-1（p. 200 頁）中所提到的 14 種握手配對。

第 5 章　繪製地圖

●研究問題 5-X1（遞迴式與圖示）

欲將集合 $\{1, 2, 3, 4, 5\}$ 分割成 3 個非空集合的子集合，請列出共 25 種分割方式，並由此確認以下遞迴式（見 p. 249 頁）正確無誤。

$$\begin{Bmatrix} n \\ r \end{Bmatrix} = \begin{Bmatrix} n-1 \\ r-1 \end{Bmatrix} + r \begin{Bmatrix} n-1 \\ r \end{Bmatrix}$$

●研究問題 5-X2（換個方式問）

第 5 章中，蒂蒂思考了何謂《換個方式問》（p. 212 頁）。你認為《換個方式問》還有什麼意義呢？《換個方式問》又有哪些優點或缺點呢？請自由想像發揮。

後記

您好，我是結城浩。

感謝您閱讀《數學女孩秘密筆記／排列組合篇》。本書介紹了排列、組合、環狀排列、念珠排列、重複元素的排列、卡特蘭數，以及第 2 類 Stirling 數等。與她們一起計算在不同情形下，有幾種排列組合，徜徉多采多姿的數學世界。不知您看完後覺得如何呢？

本書是將ケイクス（cakes）網站上，「數學女孩秘密筆記」第 61 回至第 70 回連載重新編輯後的作品。如果您讀過本書後，想知道更多「數學女孩的秘密筆記」的內容，請您一定要來這個網站看看。

「數學女孩的秘密筆記」系列，以平易近人的數學為主題，描述國中生的由梨、高中生的蒂蒂、米爾迦、以及「我」，四人間盡情談論數學的故事。

這些角色亦活躍於另一個系列作，《數學女孩》。這系列的作品是以更廣更深的數學最為題材寫成的青春校園物語，也推薦您拿起這系列的書讀一讀！另外，兩系列的英語版亦於 Bento Books 上刊行。

《數學女孩》與《數學女孩秘密筆記》，兩部系列作品都請您多多支持喔！

本書日文版使用 LATEX2ε及 **Euler** 字型（AMS Euler）排版。排版過程中參考了由奧村晴彥老師寫作的《LATEX2ε美文書作成入門》，書中的作圖則使用了OmniGraffle、TikZ軟體完成。在此表示感謝。

感謝下列名單中的各位，以及許多不願具名的人們，在寫作本書時幫忙檢查原稿，並提供了寶貴意見。當然，本書內容若有錯誤皆為筆者之疏失，並非其他人的責任。

（敬稱省略）

淺見悠太、五十嵐龍也、井川悠佑、

石宇哲也、稻葉一浩、岩脇修冴、上衫直矢、

上原隆平、植松彌公、內田大暉、內田陽一、

大西健登、鏡弘道、喜入正浩、北川巧、

菊池夏美、木村巖、工藤淳、毛塚和宏、

伊達（坂口）亞希子、伊達誠司、田中克佳、

谷口亞紳、原泉美、藤田博司、古屋映實、

洞龍彌、梵天寬鬆（medaka-college）、

前原正英、增田菜美、松浦篤史、三澤颯大、

三宅喜義、村井建、村岡佑輔、山田泰樹、

山本良太、米內貴志。

感謝一直以來負責《數學女孩秘密筆記》與《數學女孩》兩個系列日文版之編輯工作的 SB Creative 野澤喜美男編輯長。

感謝 cakes 的加藤真顯先生。

感謝所有在寫作本書時支持我的人們。

感謝我最愛的妻子和兩個兒子。

感謝您閱讀本書到最後。

那麼，我們就在下一本《數學女孩秘密筆記》再見面吧！

2016 年 4 月

結城浩

http://www.hyuki.com/girl/

索引

國家圖書館出版品預行編目（CIP）資料

數學女孩秘密筆記：排列組合篇 / 結城浩作；
陳朕疆譯. -- 初版. -- 新北市：世茂, 2017.05
面；　公分. --（數學館；29）

ISBN 978-986-94562-2-7（平裝）

1. 排列　2. 通俗作品

313.18　　　　　　　　　　106004841

數學館 29

數學女孩秘密筆記：排列組合篇

作　　　者／結城浩
譯　　　者／陳朕疆
審　　　訂／洪萬生
主　　　編／陳文君
封面設計／李芸
出　版　者／世茂出版有限公司
地　　　址／（231）新北市新店區民生路 19 號 5 樓
電　　　話／（02）2218-3277
傳　　　真／（02）2218-3239（訂書專線）
　　　　　　（02）2218-7539
劃撥帳號／19911841
戶　　　名／世茂出版有限公司　單次郵購總金額未滿 500 元（含），請加 80 元掛號費費
世茂官網／www.coolbooks.com.tw
排版製版／辰皓國際出版製作有限公司
印　　　刷／世和彩色印刷股份有限公司
初版一刷／2017 年 5 月
　　三刷／2023 年 3 月

ＩＳＢＮ／978-986-94562-2-7
定　　　價／350 元